Fachwissen für Brandschutzhelfer

Wolfgang J. Friedl

Fachwissen für Brandschutzhelfer

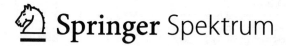 Springer Spektrum

Wolfgang J. Friedl
Ingenieurbüro für
Sicherheitstechnik
München, Deutschland

ISBN 978-3-662-63136-2   ISBN 978-3-662-63137-9   (eBook)
https://doi.org/10.1007/978-3-662-63137-9

Die Deutsche Nationalbibliothek verzeichnet diese Publikation in der Deutschen
Nationalbibliografie; detaillierte bibliografische Daten sind im Internet über http://
dnb.d-nb.de abrufbar.

Planung/Lektorat: Désirée Claus
Springer Spektrum ist ein Imprint der eingetragenen Gesellschaft Springer-Ver-
lag GmbH, DE und ist ein Teil von Springer Nature.
Die Anschrift der Gesellschaft ist: Heidelberger Platz 3, 14197 Berlin, Germany

Vorwort

100 % der Belegschaft müssen Brandschutzvorgaben kennen und einhalten, aber nur 5 % müssen zu Brandschutzhelfern ausgebildet werden. Diese Diskrepanz mag erschrecken – Sie jedoch werden Brandschutzhelfer und können somit Brände in Ihrem Unternehmen sowie zu Hause nach dem Kurs nicht nur besser vermeiden, sondern auch besser in den Griff bekommen. Herzlichen Glückwunsch dazu! Und genauso gehen wir vor: Primär versuchen wir, durch umsichtiges und intelligentes Verhalten Brände zu vermeiden, und sollte es doch einmal brennen, wissen wir, welche Schritte nun zügig zu gehen sind.

Passend zu diesem Buch finden Sie auch auf www.iversity.de den gleichnamigen Kurs mit Videos und Online-Fragen. Buch und Kurs enthalten dieselben Inhalte, welche auf unterschiedliche Art und Weise vermittelt werden.

Viel Erfolg und Spaß wünscht Ihnen Ihr Dr. Wolfgang J. Friedl (Kontaktmöglichkeit unter www.dr-friedl-sicherheitstechnik.de)

> Dieses Buch enthält über 60 wichtige Merksätze. Lesen Sie diese grau hinterlegten Sätze und versuchen Sie, sie im Kopf zu behalten.

Dr. Wolfgang J. Friedl

Inhaltsverzeichnis

Über den Autor

Dr.-Ing. Wolfgang J. Friedl (geb. 1960, verheiratet, zwei erwachsene Kinder) studierte Brandschutz nach der allgemeinen
Hochschulreife in München an der ersten dafür eingerichteten
Universität im damaligen Westdeutschland in Nordrhein-West-
falen Anfang der 1980er Jahre. Er arbeitete das erste Berufsjahr in
den USA bei einem Chemiekonzern an der Westküste, dann zehn
Jahre in den industriellen Schaden- und Beratungsabteilungen der
beiden weltweit größten Feuerversicherungen, zuletzt als Nieder-
lassungsleiter der Ingenieurabteilung in München. Nach dem
weitgehend friedlichen Zusammenbruch der osteuropäischen
Diktaturen 1989 promovierte er nebenberuflich als erster West-
deutscher an der renommierten Magdeburger Universität – der
wohl weltweit bekanntesten und damals besten Universität für
Brandschutz – beim bekannten Professor Siegfried Bussenius.
Seit über 30 Jahren arbeitet er im eigenen Ingenieurbüro für
Sicherheitstechnik von München aus deutschland-, europa- und
weltweit für Unternehmen, um dort die Sicherheit (Brandschutz,
EDV-Schutz, Einbruchschutz, Arbeitssicherheit) zu optimieren.
Dr. Friedl hat an der Überarbeitung von gesetzlichen Bestimmungen mitgewirkt und sitzt im Fachbeirat verschiedener
Unternehmen. Dr. Friedl hält vor Studierenden an Universitäten
Vorträge und erarbeitet Vorlesungsunterlagen für diverse Hoch-
schulen. Neben nationalen und internationalen Tagungen, die er
zusammenstellt und leitet und auf denen er auch referiert, bildet
er über Seminaranbieter sowie hausintern Brandschutzbeauftragte
und -helfer aus. Nach mittlerweile 31 interdisziplinären Fach-

büchern ist er eine bekannte Größe und damit prädestiniert, auch angehenden Brandschutzhelfern ihr Handwerkszeug praxisnah und interessant nahezubringen.

Einleitung

Wer sich jetzt ausschließlich auf den Kurs „Brandschutzhelfer" konzentrieren will, kann gleich zu Kap. 2 springen. Wer aber etwas anspruchsvoller ist, sollte diese Einleitung lesen, und ich verspreche Ihnen, es lohnt sich. Denn je mehr Wissen man hat, umso souveräner kann man Situationen einschätzen, umso eher verhält man sich richtig und hat die richtigen Argumente – das macht nicht nur im Brandschutz Sinn, sondern auch in allen anderen Bereichen unseres beruflichen und privaten Lebens.

1.1   Intention des Buchs

„Das Verhüten von Unfällen darf nicht als eine Vorschrift des Gesetzes aufgefasst werden, sondern als ein Gebot menschlicher Verpflichtung und wirtschaftlicher Vernunft." Diesen intelligenten und sozialen Satz äußerte Werner von Siemens bereits im Jahr 1880, und er lässt sich ebenso auf Brände übertragen: Wir haben also als Unternehmen nicht nur die Verpflichtung unserer Belegschaft gegenüber, gesetzliche Vorgaben einzuhalten, sondern wir haben auch den Aktieninhabern die Verpflichtung gegenüber, Werte zu erhalten – das ist die Aufgabe von Brandschutzhelfern und Brandschutzbeauftragten. Dazu müssen wir sowohl die Vorgaben in Richtung „Brandschutz" als auch die örtlichen Gegebenheiten kennen – nur dann können wir einen Ist-Soll-Abgleich vornehmen und das Unter-

W. J. Friedl, *Fachwissen für Brandschutzhelfer*,
https://doi.org/10.1007/978-3-662-63137-9_1

nehmen wieder auf die richtige, also die sichere Spur setzen.
Dies geschieht möglichst, bevor und nicht nachdem es zu einem
Schaden gekommen ist, denn Brandschäden können schnell die
Existenz eines Unternehmens bedrohen, nicht nur die Feuer-
schäden an sich, sondern im Industriebereich besonders auch die
Betriebsunterbrechungen.

> Brandschutz hat eine soziale Komponente – schließlich
> geht es um Menschenleben.

Dieses Buch will den zukünftigen Brandschutzhelfern das Rüst-
zeug für ihren anspruchsvollen, wichtigen, interessanten und
abwechslungsreichen Nebenjob vermitteln. Damit es gern und
positiv gelesen wird, ist es gut bebildert und mit Tabellen versehen; außerdem ist das Buch in der Ich-Form geschrieben, und
ich spreche Sie persönlich an. Damit es nicht zu viele „innen"
gibt, möge sich bitte jede Person jeglicher sexueller Orientierung
angesprochen fühlen, denn ich will Brandschutz und nicht
politische bzw. ideologisch verblendete Korrektheit vermitteln!
Wir sind Brandschützer, und Privates interessiert hier nicht –
sexuelle oder politische Orientierungen haben im Übrigen für
uns und hoffentlich auch für Sie keine Bedeutung.

Also, dieses Buch gibt Ihnen wichtige, relevante
Informationen zu allen Bereichen und Themen, die ein Brandschutzhelfer wissen muss. Ob Sie es glauben oder nicht, das
macht Freu(n)de, und man kann es auch zu Hause konstruktiv
nutzen oder im Familien-, Bekannten- und Freundeskreis
anwenden. Da niemand Brände zu 100 % ausschließen kann,
ist Brandschutz eine Sache, die uns immer interessieren sollte.
Natürlich arbeiten die meisten Menschen nicht für den Brandschutz – aber wir fahren ja auch Auto als Mittel zum Zweck und
wollen dabei nicht verunglücken, und so sollte man den Brandschutz eben wie die Verkehrssicherheit auch sehen.

Es gibt eine DGUV Information mit der eher weniger leicht
zu merkenden Nummer 205-023, die regelt, welche fachlichen
Themen ein Brandschutzhelfer wissen muss. DGUV steht für

„Deutsche Gesetzliche Unfallversicherung", eine Pflichtver-
sicherung für angestellte Personen – nicht für Sachwerte oder
Vermögensschäden, die beispielsweise eine freiwillige Feuerversicherung oder eine Hausratversicherung abdecken würde.
Das ist so ziemlich weltweit einzigartig und etwas sehr Positives,
denn in Deutschland werden – anders als in vielen Ländern
dieser Erde – Menschen als etwas Wertvolles angesehen, die
am Arbeitsplatz besonders schützenswert sind. Gesetze, Ver-
ordnungen, Regeln, Normen, Ordnungen und Bestimmungen
geben an vielen und unterschiedlichen Stellen vor, wie Arbeitsplätze auszusehen haben – damit wir nicht durch Brände, Rauchgase oder Explosionen gefährdet oder gar behindert oder getötet
werden. Ich unterstelle, dass Sie am Leben bleiben wollen und
dies möglichst gesund und ohne Schmerzen. Also, bitte lesen Sie
intensiv weiter. Sie werden lernen, wie man Brände verhindern
kann und welches Verhalten das richtige ist, wenn es doch mal
zu einem Brand kommt: Denn manche Menschen verwechseln
jetzt die Prioritäten (Sachwerte sind wertvoll, das eigene Leben
nicht) und riskieren Kopf und Kragen! Dass das aus Unwissenheit und nicht aus Dummheit geschieht, ist zunächst neben-
sächlich – im Brandfall muss man schnell **und** richtig handeln,
und wer unvorbereitet ist, hat definitiv kaum Chancen. Wenn
Sie das Buch durchgelesen haben, werden nicht nur Sie Brände
in Gebäuden überleben, sondern durch Ihre Hilfe auch andere
– eine starke Sache! Unwissende Menschen sind ja nicht
unbedingt dumm, denn in vielen Bereichen kennen wir uns ja
als intelligente Menschen auch nicht aus. Allerdings ist zu große
Unwissenheit über bestimmte Themengebiete natürlich auch
kein Garant für überdimensionale Intelligenz.

Brandschutzwissen kann immer und überall wichtig sein:
zu Hause, am Arbeitsplatz, in der Freizeit, im Sport, im
Supermarkt, im Restaurant.

1.2   Abgrenzung zum Brandschutzbeauftragten

Der betriebliche Brandschutzbeauftragte ist zwar einerseits
so absolut wie der betriebliche Brandschutzhelfer nur in den
wenigsten Unternehmen gefordert, aber der Beauftragte nimmt
eine deutlich höhere Position als der Helfer ein. Die Ausbildung
zum Brandschutzbeauftragten dauert meist acht Schulungstage
und endet mit einer Abschlussprüfung. Wer sich in diese
Richtung weiterbilden will, sollte die DGUV Information 205-
003 (zu finden im Internet, wo man sie auch legal herunterladen
und ausdrucken kann) lesen. Vielleicht haben Sie „Blut geleckt"
und wollen in dieser Richtung weitermachen? Das wäre natürlich ein Erfolg unserer Publikation, und wir würden uns darüber
sehr freuen! Der Brandschutzbeauftragte lernt richtig viel über
gesetzliche Vorgaben, über das „berühmte" Kleingedruckte in
Versicherungsverträgen, über die Funktionsweise der gesamten
brandschutztechnischen Anlagentechnik, über organisatorischen
und theoretischen Brandschutz sowie über die baugesetzlichen
Vorgaben für verschiedenartig genutzte Gebäude. Das Rüst-
zeug zur brandschutztechnischen Gefährdungsbeurteilung wird
übrigens in dieser umfassenden Ausbildung ebenfalls vermittelt
– etwas, womit wir uns als Brandschutzhelfer noch nicht aktiv
beschäftigen und das wir auch nicht unbedingt können müssen.
Dennoch schadet es nicht, Gefährdungen zu beurteilen und
daraus konkrete Gegenmaßnahmen abzuleiten.

Diese Aufgabenfelder sind für den Brandschutzbeauftragten
anspruchsvoll und wirklich viele, sie machen aber Spaß und
können einem Erfüllung geben, wenn man den Job als Brandschutzbeauftragter als ernst zu nehmenden Beruf ansieht!
Völlig anders ist die Position des Brandschutzhelfers: Er muss
nur einige wenige Dinge wissen, die zwar auch relevant und
damit sehr wichtig, aber deutlich einfacher und leichter sind,
dabei aber nicht trivialer. Der Brandschutzhelfer ist sozusagen
der verlängerte Arm des Brandschutzbeauftragten vor Ort an
den jeweiligen Arbeitsplätzen, und dort soll er acht Stunden am

Tag für Brandsicherheit sorgen (denn der Brandschutzbeauftragte ist vielleicht nur einmal im Monat und dann nur für 5 min vor Ort und bekommt den Alltag nicht mit): entwendete oder abgeblasene Handfeuerlöscher, aufgekeilte Brand- und Rauchschutztüren, falsches Raucherverhalten, Brandlasten an Zündquellen, verstellte oder verstaubte Zu- oder Abluftöffnungen, laut werdende Lager …, alles Dinge, auf die andere nicht achten, aber wir Brandschutzhelfer schon. Merken Sie sich daher gleich mal diesen im Brandschutz geltenden Satz:

> Es sind fast immer triviale Dinge, die zu elementar schlimmen Bränden führen!

Hieran kann man sehen, dass man mit einfachen, aber wichtigen Vorgaben und Verhaltensmustern Schlimmes verhindern kann. Oftmals ist es ja so – auch in anderen Bereichen –, dass man keine neuen Gesetze und Bestimmungen braucht, sondern lediglich die vorhandenen korrekt anwenden muss! Um sie jedoch anwenden zu können, muss man sie kennen. Relativ häufig versuchen sich nach Unfällen, Schäden oder Bränden die Leute mit dem hilflosen Satz „Das habe ich nicht gewusst" billig herauszureden – um damit gleich die Schuld den vorgesetzten Personen geben zu können. „Das hätten Sie aber wissen müssen, deshalb wird jetzt das Verfahren gegen Sie eröffnet", gibt dann in nicht wenigen Fällen der Staatsanwalt oder Richter zur frustrierenden Antwort. Der dämliche Satz „Wissen ist Macht – aber nichts wissen macht nichts!", den Leistungsverweigerer in den 1960er Jahren als vermeintlich cool eingestuft haben, stimmt also nicht! Wenn Sie dieses Buch gelesen haben, wissen Sie deutlich mehr über Brandschutz und verstehen viele Vorgaben, die andere wahrscheinlich für unnötig, einengend oder überzogen einstufen. Dass sie das nicht sind, sondern richtig und wichtig, leuchtet Ihnen sicherlich bzw. hoffentlich ein, wenn Sie weiterlesen.

Da Brände in Unternehmen häufig mehr Schaden durch die Betriebsunterbrechung als durch den direkten Feuerschaden anrichten, ist folgender Merksatz ganz wichtig, den Sie nie vergessen sollten:

> Brandschutz ist nicht alles, aber ohne Brandschutz ist schnell alles nichts!

Das gilt beruflich und privat, denn wenn der Arbeitsplatz oder die Wohnung ausgebrannt ist, wirkt alles für lange Zeit erst mal ganz anders, und man relativiert die Probleme, die man sonst so im Leben hat.

Man kann durch Brände seinen Arbeitsplatz, sein Unternehmen, seine Wohnung und neben seiner Gesundheit auch sein Leben und das von Kollegen, Freunden und der Familie verlieren. „Gesundheit" ist körperlich und/oder intellektuell gemeint – die Kombination ist dabei immer besonders tragisch: Nur durch das Einatmen von Brandrauch ist jemand für den Rest seines Lebens körperlich und geistig schwer behindert. Dabei wollte diese Person doch „nur" das teure Smartphone oder den Laptop aus dem Wohnzimmer holen … Wenn jetzt nicht Dritte (meist Versicherungen oder Berufsgenossenschaften) für den Schaden aufkommen, wird das Leben einen Lauf nehmen, den man sich nicht wünscht.

Wir als Brandschutzhelfer haben die Aufgabe, hinsichtlich Brandschutz dem Unternehmen dienlich, behilflich zu sein – sozusagen als verlängerter Arm des Chefs oder des Brandschutzbeauftragten vor Ort. Am besten sind Brandschutzhelfer dann, wenn sie ständig an den verschiedenen Arbeitsplätzen und Bereichen sind, also in den Abteilungen und nicht in der Verwaltung sitzen (wobei die Verwaltung bitte auch als Abteilung anzusehen ist, d. h., auch für die Verwaltung brauchen wir Brandschutzhelfer). Der Brandschutzbeauftragte ist eigentlich die Person, der wir – neben dem direkten Vorgesetzten – berichten müssen, wenn wir brandschutztechnische Probleme sehen, die wir, warum auch immer, nicht selbst dauerhaft abstellen können. Wenn es keinen Brandschutzbeauftragten gibt, dann ist eben der direkte Chef oder auch jemand aus der

Geschäftsleitung unser Ansprechpartner. Wir müssen uns darum kümmern, wie das im Unternehmen geregelt ist, denn hierfür gibt es keine juristische Vorgabe – soll heißen, es gibt hierzu keine gesetzlich strukturierte Vorgabe der Berichterstattung.

1.3   Einführung in den Brandschutz

Menschenleben – Tiere – Sachwerte – Betriebsunterbrechungen – Umwelt: In dieser Reihenfolge ist der Brandschutz zu sehen. Dass der Umweltschutz an letzter Stelle steht, ist nicht kritisch zu werten, denn Brände sind für die Natur einerseits lebensnotwendig (damit meine ich jedoch keine Gebäudebrände oder solche, die Lebewesen töten!), andererseits auch kompensierbar.

> Brandschutz bedeutet Schutz von Lebewesen, Erhalt der Natur und die Bewahrung von geschaffenem Eigentum.

Schadenschilderung: Am 02.05.19 brachten die Nachrichten im Radio, dass die ersten Probeläufe der bei Ingolstadt vor acht Monaten explodierten Erdölraffinerie laufen. Der eigentliche Betrieb werde wohl in etwa vier Wochen wieder anlaufen, falls keine Probleme auftreten. Bei der Explosion gab es glücklicherweise (und auch erstaunlicherweise) keine Toten, aber wohl einen Schaden von über 1 Mrd. € – wobei die Betriebsunterbrechung den eigentlichen Feuerschaden übersteigen wird, wie so oft.

Menschen stehen natürlich – vor der Umwelt und vor Sachschäden – immer an erster Stelle, und sie sterben durch Brände primär in den eigenen vier Wänden und nicht in Unternehmen. Warum? Die Antworten sind logisch:

- Es gibt zu Hause deutlich weniger gesetzliche und behördliche Vorgaben.
- Die vielen sicherheitstechnischen Bestimmungen der Berufsgenossenschaften gelten nicht im eigenen Heim.

- Es gibt zu Hause keine Kontrollen der Anlagentechnik und
  natürlich deutlich weniger Brandschutztechnik (z. B. sind
  dort zwar Rauchmelder, aber keine Handfeuerlöscher Pflicht).
- Selbst uralte Elektrogeräte dürfen noch betrieben werden, und
  auch Stromanlagen aus den frühen 1920er Jahren mit stoff-
  ummantelten Drähten und der sog. klassischen Nullung sind
  im privaten Bereich nicht verboten.
- Am Arbeitsplatz ist man (jedenfalls sollte man) nüchtern,
  angezogen und wach; zu Hause darf man angetrunken sein
  und schlafen. Im Brandfall wird es deutlich schwieriger,
  rechtzeitig ins sichere Freie zu gelangen.
- Zu Hause zündet man Kerzen an und darf rauchen – beides
  sind Brandursachen, die es im Unternehmen eher weniger
  gibt (abgesehen vom heimlichen Rauchen, achtlosen Wegwerfen glimmender Kippen und von Kerzen im Eingangs-
  bereich in der Adventzeit).

Wir sollen (sollen, nicht müssen!) in etwa wissen, wie der
Brandschutz geregelt ist, um das Nachfolgende besser zu verstehen. Leider ist das recht komplex und damit kompliziert und
wenig übersichtlich, und man braucht schon einiges an Berufserfahrung, Lernbereitschaft, Geduld und Verstand, um damit
zurechtzukommen. Brandschutz gliedert sich in vorbeugenden
(d. h. präventiven) und abwehrenden (d. h. kurativen) Brandschutz und diese beiden Bereiche jeweils wiederum in anlagen-
technische, bauliche und organisatorische Belange. Tab. 1.1 gibt
eine zusammenstellende Übersicht und jeweils zwei Beispiele.

Tab. 1.1 Gliederung des Brandschutzes

Brandschutz	Baulich	Anlagentechnisch	Organisatorisch
Vorbeugend	Nichtbrennbare Dämmstoffe Nichtbrennbare Einrichtung	Funkenerkennungs- anlage Lagerwärme- sensoren	Brandschutz- helfer Brandschutz- ordnung
Abwehrend	Feuerbeständige Brandwand Brandschutztür	Brandmeldeanlage Entrauchungsanlage	Wandhydrant Werkfeuerwehr

▶ **Tipp** Überlegen Sie im Brandschutz immer, ob Sie alle sechs Felder abdecken können, und versteifen Sie sich nicht lediglich auf einen Bereich. Denn die meisten Menschen haben ein „Lieblingsfeld" (so die Feuerwehrleute natürlich den abwehrenden Brandschutz, Gebäudetechniker die Brandschutztechnik, Referenten den organisatorischen Teil und wir Brandschutzingenieure den baulichen Brandschutz) und vernachlässigen dabei gerne die anderen Felder.

Aufgabe

Überlegen Sie sich weitere Punkte, um diese sechs Felder auszufüllen! Und wenn Ihnen zu dem einen oder anderen mehr einfällt, dann darf es anderswo auch weniger sein. Sie werden erstaunt sein, wie das auch in Ihnen arbeitet und Sie noch nach Tagen neue Ideen haben werden – das würde uns freuen! Die Kunst dieser Aufgabe liegt jetzt weniger darin, konkrete Dinge in „baulich", „anlagentechnisch" oder „organisatorisch" einzustufen, sondern in „vorbeugend" und „abwehrend" – *vorbeugend* bedeutet, es sind Maßnahmen, die die Brandentstehungswahrscheinlichkeit reduzieren, und *abwehrend* bedeutet, dass es schon brennt und das Feuer zügig gelöscht werden muss. Der Brandschaden soll durch richtiges, intelligentes und sofortiges Handeln möglichst minimiert sein.

Es ist jetzt überhaupt nicht so einfach zu sagen, welcher dieser Bereiche bzw. Felder von besonderer, primärer Bedeutung ist, je nachdem, was einem mehr liegt, welche Erfahrungen man selbst hat oder was man gelernt hat, wird man mehr in die eine oder andere Richtung tendieren. Meine Erfahrung lautet: Nur wenn jedes Feld individuell richtig ausgefüllt und abgedeckt ist, funktioniert auch der Brandschutz im Unternehmen. Im Brandschutz gibt es also keine Prioritäten, alle Felder sollen bzw. müssen abgedeckt werden. Und was „richtig" ist, sieht

bei Unternehmen A anders aus als bei Unternehmen B usw.
Einer wird also Feld 1, ein anderer Feld 2, 3 oder 4 für richtig
halten, und alle sind dabei im Recht, individuell betrachtet.
Langfristig sind natürlich alle sechs Felder wichtig, vergleichbar uns Menschen: Primär wichtig ist Sauerstoff, dann Flüssig-
keitsaufnahme und erst an dritter Stelle kommen Lebensmittel,
dann Wohnraum, soziale Kontakte und ein Sinn (also eine sinnvolle Beschäftigung) im Leben – auch hier sind es also sechs
Felder, die wir Menschen abdecken müssen bzw. wollen. Doch
schließlich brauchen wir alles.

> Brandschutz funktioniert, wenn man wie folgt vorgeht:
> Das eine (Richtige) tun, das andere (ebenfalls Richtige)
> nicht lassen!

Übrigens, im Explosionsschutz (das ist ein anderer Fachbereich,
der an den Brandschutz angrenzt, der hier im Buch aber keine
weitere Betrachtung findet und auch für Brandschutzhelfer erst
mal nicht von primärer Bedeutung ist) gibt es drei Prioritäten,
die da lauten:

1. Vermeidung der Bildung einer zündfähigen Atmosphäre
2. Vermeidung der Zündung einer gebildeten zündfähigen
   Atmosphäre
3. Reduzierung der Auswirkung der Explosion auf eine möglichst nicht gefährliche Stärke

Nun kann es natürlich sein, dass Sie Brandschutzhelfer in einem
explosionsgefährlichen Unternehmen sind. In diesem Fall ist
Explosionsschutz natürlich für Sie von größter Bedeutung, also
doch noch ein paar Worte dazu: Die Vermeidung eines Brands
und einer Bildung von möglicherweise explosionsfähiger
Atmosphäre ist anzustreben und steht ganz oben. In explosions-
gefährdeten Bereichen darf es keine Zündquellen geben, und
Verstöße werden dort ganz anders geahndet als anderswo. Diese
Prioritätenliste des Explosionsschutzes gibt es im Brandschutz

nicht, weshalb dort eigentlich alle sechs Felder von gleicher Bedeutung sind. Beim Explosionsschutz jedoch ist es so, dass bei der Vermeidung der ersten Priorität alles weitere entfallen kann – es ist ja nichts mehr da, was explodieren kann (also 100 % Schutz).

> Explosionen haben oft ihre Ursachen in kleinen, scheinbar harmlosen Bränden!

An dem Wort „Priorität" bei der Wertung des Explosionsschutzes sieht man, dass es hier eine Wertung gibt – was im Brandschutz nicht erfolgt. Das klingt sicherlich bzw. hoffentlich logisch, denn wenn man die erste Priorität zu 100 % umgesetzt hat – was oft, aber nicht immer geht, dann ist der Explosionsschutz absolut sicher umgesetzt, und das bedeutet, es kann nicht zu einer Explosion kommen. So einfach ist es im Brandschutz nicht, denn da können wir lediglich die Wahrscheinlichkeit eines Brands reduzieren, aber nie auf 0 % bringen.

> Fast jeder Großbrand fing klein an und wurde tragischerweise nicht rechtzeitig gelöscht!

Ob Sie es glauben oder nicht, Sie haben jetzt schon – wenn Sie das alles verinnerlicht haben – eine gute Grundlage und deutlich mehr Wissen als viele andere, aber das ist natürlich noch ein ggf. gefährliches Halbwissen, das wir jetzt vertiefen und zum „Vollwissen" ergänzen wollen – also bitte weiterlesen, und zwar Satz für Satz – bitte nichts überfliegen (wie man das manchmal mit Texten in Zeitungen und Zeitschriften so macht)!

1.4   Lust auf mehr? Werden Sie Brandschutzbeauftragter!

Seit Ende 2014 gibt es eine einheitliche Vorschrift der vfdb (Vereinigung zur Förderung des Deutschen Brandschutzes – das ist die wichtigste Institution für Brandschutz in Deutschland, wahrscheinlich sogar europaweit), des VdS (Verband der Schadenversicherer – das ist der Interessenverband der Feuerversicherungen) und der DGUV (Deutschen Gesetzlichen Unfallversicherung – das sind die Berufsgenossenschaften), wie man Brandschutzbeauftragte ausbildet, nämlich in 64 Unterrichtseinheiten à 45 min. In dieser Ausbildung, die man zuletzt im Dezember 2020 überarbeitet hat, werden die in Tab. 1.2 genannten Themen in der angegebenen Quantität vermittelt, wobei die zeitiche Verteilung jetzt nicht mehr so absolut geregelt ist.

Es gehören schon etwas Berufserfahrung, Persönlichkeit, Redekunst und vor allem auch die Bereitschaft, sich aktiv einzubringen, dazu, Brandschutzbeauftragter zu werden. Aber es macht Spaß, gibt einem Befriedigung und berufliche Erfüllung – was wollen Sie mehr im beruflichen Leben?

> Brandschutzbeauftragte sind unsere direkten Ansprechpartner bei allen Fragen zum Brandschutz.

Tab. 1.2 Themen und Umfang der Brandschutzbeauftragten-Ausbildung

Inhalte	Umfang
Rechtliche Grundlagen	4 UE
Brandlehre	3 UE
Brand- und Explosionsgefahren	7 UE
Baulicher Brandschutz	8 UE
Anlagentechnischer Brandschutz	8 UE
Handbetätigte Geräte zur Brandbekämpfung	2 UE
Organisatorischer Brandschutz	16 UE
Brandschutzmanagement	8 UE
Behörden, Feuerwehren, Versicherungen	4 UE
Abschlussprüfungen	4 UE

1.5 Vertiefte Brandschutzinformationen

Vorab: Um guter Brandschutzhelfer zu werden, muss man diesen Abschnitt nicht lesen. Wer aber sehr guter Brandschutzhelfer werden oder sich evtl. irgendwann einmal zum Beauftragten weiterbilden lassen will, der sollte jetzt weiterlesen.

Sie werden in diesem Buch fast an keiner Stelle den Namen einer Bestimmung, eines Gesetzes oder eines Paragrafen lesen, und ich hoffe, dass Ihnen das zusagen wird – abgesehen vom wichtigen Kap. 8 über die ASR A2.2. Das ist auch überhaupt nicht nötig, doch absolut notwendig ist es, die Inhalte relevanter Vorgaben zu kennen; ob das dann im Arbeitsschutzgesetz, in der Bauordnung, in einer berufsgenossenschaftlichen oder versicherungsrechtlichen Forderung, in einer technischen Regel, einer DIN-Norm oder einer landesweit gültigen Verordnung steht, ist ohne Bedeutung – man muss die Vorgabe einhalten!

Merken Sie sich schon mal die wichtigste Forderung im Arbeitsschutzgesetz von 1996 die in § 4 (1) sagt bzw. fordert: „Arbeiten so gestalten, dass Gefährdungen möglichst vermieden und verbleibende Gefährdung möglichst gering gehalten werden." Auch wenn das etwas pauschal, allgemein und schwammig gehalten ist – es ist ein großartiges, intelligentes und menschenwürdiges Schutzziel. Verhalten Sie sich im privaten und beruflichen Leben (auch im Straßenverkehr) so, und Sie haben gute Chancen, das Leben auch im hohen Alter noch als lebenswert empfinden zu dürfen – keine Selbstverständlichkeit! Und der positive Nebeneffekt dabei ist, dass andere Personen Sie als liebenswerter empfinden.

In Tab. 1.3 finden Sie eine – natürlich nicht komplette – Auflistung von absichtlich verwirrend vielen Bestimmungen, die direkt oder indirekt mit Brandschutz zu tun haben. Gesetze und Vorgaben sind übrigens frei und damit auch kostenfrei zugänglich, d. h., Sie können diese legal und kostenfrei aus dem Internet herunterladen – am besten über www.baua.de; hier stehen jetzt bewusst nur die Abkürzungen. Das soll zeigen, wie komplex die Thematik „Brandschutz" ist bzw. werden kann:

Tab. 1.3 Beispiele für Vorgaben, die direkt oder indirekt mit Brandschutz
zu tun haben

StGB	ArbStättV	VVB
OWiG	VDE[a]	VbF (zurückgezogen)[c]
VVG	ArbSchG	TRbF (zurückgezogen)[c]
BauVorlV	ASiG	TRBS[d]
VersStättV	GefStoffV	TRGS[d]
LBO	BetrSichV	DIN[a]
FeuV	DGUV Vorschriften[b]	ASR[d]
GaStellV	DGUV Regeln	ASF[d]
VStättV	DGUV Informationen	VdS/FM[d]
LaRL	DGUV Grundsätze	VVB[e]
VersStättV	RAB	HHBO
LöRüRiLi (ersatzlos 2020 zurückgezogen – wird aber noch angewandt)	VVG	PrüfVBau

[a]Auch wenn das privatrechtlicher Natur sein mag, sollte man diese Vorgaben
einhalten, will man nicht mit Staatsanwaltschaft oder Versicherungen nach
Bränden Probleme bekommen
[b]Das sind autonome Rechtsnormen (erstellt von den Berufsgenossenschaften), die einem Gesetz gleichgestellt werden; hiervon gibt es von den
Berufsgenossenschaften eine ganze Reihe, die man kennen und im Unternehmen umsetzen muss
[c]Auch zurückgezogene Vorgaben können noch als „Erkenntnisgrundlage"
herangezogen werden, wenn deren Inhalte Sinn machen und nicht als veraltet, überholt gelten
[d]Davon gibt es jeweils viele, die regelmäßig aktualisiert werden; diese
technischen Regeln konkretisieren, was die Arbeitsstättenverordnung, die
Betriebssicherheitsverordnung oder die Gefahrstoffverordnung als Schutz-
ziele vorgeben
[e]Das ist ein Landesgesetz in Bayern, d. h., in den 15 anderen Bundesländern
hat es keine Gültigkeit

> Viele juristische Vorgaben hinsichtlich des Brandschutzes
> finden sich in arbeitsschutzrechtlichen Vorgaben.

Aufgabe

Besorgen Sie sich die Bayerische VVB (Verordnung zur Verhütung von Bränden) im Internet und lesen Sie sie einmal durch – da finden Sie viele interessante wichtige und richtige Dinge, die den Brandschutz auch in Ihrem Bundesland verbessern. Versprochen!

Die in Tab. 1.3 aufgeführten Bestimmungen finden sich etwas übersichtlicher gegliedert und ausführlicher bzw. konkreter in Abb. 1.1.

Alle Zahlen in der mittleren Spalte (BG-Regeln) haben übrigens mit Brandschutz zu tun. Sie sehen, es gäbe noch viel zu lesen! Damit Sie ein Gefühl dafür entwickeln können (denn Brandschutzhelfer sind ja, wie übrigens auch Brandschutzbeauftragte, selten Juristen), wie Gesetze, Verordnungen und technische Regeln zuzuordnen sind, zeigt Ihnen Abb. 1.2, was wem über- bzw. untergeordnet ist. Je weiter wir nach oben gehen, umso absoluter sind die Themen, und je weiter wir nach unten gehen, umso konkreter werden die Inhalte. Wir Brandschützer arbeiten deshalb sehr viel mit Technischen Regeln und Arbeitsstättenregeln sowie den VdS-Empfehlungen.

Berufsgenossenschaften sind ebenfalls unsere Partner in allen sicherheitstechnischen und damit auch brandschutztechnischen Fragen.

Wenn ich Sie jetzt „erschlagen" habe mit Informationen, dann verweise ich auf das „Vorab" am Anfang dieses Abschnitts – Sie müssen das jetzt nicht verinnerlichen, um Brandschutzhelfer zu werden. Ich wollte Ihnen nur den Mund auf mehr wässerig machen (oder habe ich Sie verschreckt?).

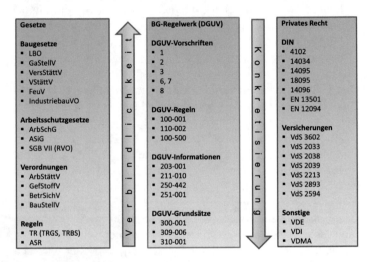

Abb. 1.1 Übersichtliche Zusammenstellung von Gesetzen, berufs-genossenschaftlichen Vorgaben und privatrechtlichen Vorgaben (die oftmals verbindlich sind)

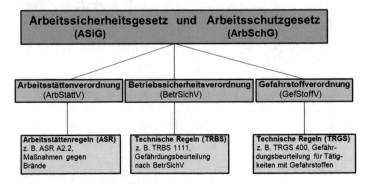

Abb. 1.2 Das sind für die meisten Unternehmen die wesentlichen Ver-ordnungen; daneben gibt es noch die Baustellenverordnung und die Bio-stoffverordnung – beiden unterliegen dann ebenfalls Regeln

1.6   Echte und surreale Probleme

„Es ist leicht, das Leben schwer zu nehmen, und es ist schwer, das Leben leicht zu nehmen." Sie kennen alle „problematischen" Leute, die nur glücklich sind, wenn es Probleme gibt, und die nur gesund sind, wenn sie über Krankheiten klagen können. Leider haben Sie diesen Typus Mensch auch in Ihrem Unternehmen, und zwar auf allen Ebenen. Auch im Brandschutz werden Sie auf Leute stoßen, die Problemchen zu Problemen hochstilisieren und wegen Nebensächlichkeiten ein riesiges Fass aufmachen. Diese Personen gibt es auch in Ihrem Unternehmen und bei begehenden Behördenvertretern, Beamten und Versicherungsangestellten. Manchmal ist es sogar so, dass diese Personen mit dem Vorsatz in Unternehmen gehen, etwas Negatives finden zu müssen (sonst bekommen sie womöglich Probleme mit dem eigenen Vorgesetzten). Wenn dann keine wirklichen Probleme festzustellen sind, macht man eben aus einer Mücke einen Elefanten. Übrigens ist das der Grund dafür, dass einige kurz vor dem Besuch absichtlich irgendetwas manipulieren, das zwar schnell beseitigt, aber eben nicht harmlos ist, etwa:

- verbotenen Müll ablagern
- Kippe auf den Boden legen
- Brandschutztür aufkeilen (ggf. kritisch im Brandfall)
- Feuerwehrzufahrt zustellen (ggf. kritisch im Brandfall)
- Handfeuerlöscher abhängen und anderswo hinstellen

In Tab. 1.4 finden Sie eine Übersicht über die wirklichen Probleme des Brandschutzes (linke Spalte) und über die für den Brandschutz irrelevanten Punkte (rechte Spalte) – bitte bilden Sie sich eine eigene Meinung dazu! Insbesondere der letzte Punkt (identisch in beiden Spalten) wird bei Ihnen zu Hause anders bewertet als in Unternehmen.

Tab. 1.4 „Echte" vs. „unechte" Probleme des Brandschutzes

Echte Probleme des Brandschutzes	Nebensächlichkeiten, ohne Relevanz
Brandlasten in Treppenräumen Versperrte Ausgänge Feuerlöscher entwendet Kein frei zugänglicher Feuerlöscher Keine Prüfung der Brandschutztechnik Keine Prüfung der Elektrogerätschaften Falsche Abfalllagerung Fehlende Brandschutzunterweisungen Aufgekeilte Rauch- und Brandschutztüren Nicht geschotteter Leitungsdurchbruch Falsches (ggf. gefährliches) Löschmittel Fehlende Handfeuerlöscher Elektrischer Antrieb an der Außenbeschattung im Büro (2. Fluchtweg)	Fluchtweg nachts versperrt Alte/veraltete Fluchtwegbeschilderung Gemischte Fluchtwegbeschilderung Situation, die unerheblich ist, aber gegen eine Vorgabe verstößt Tür, die wenige Zentimeter zu schmal ist Tür, die nach innen aufschlägt und nicht in Fluchtrichtung Begründete Abweichung von einer Regel oder DIN Das Gebäude entspricht nicht in allen Punkten der aktuellen Landesbauordnung (LBO) Elektrischer Rollladenantrieb am Schlafzimmerfenster (2. Fluchtweg)

Aufgabe

Überlegen Sie sich zu konkreten Situationen in Ihrem Unternehmen, ob es sich um reale Probleme des Brandschutzes handelt oder um Nebensächlichkeiten. Denn die Wertung von Mängeln ist wesentlich (bitte gehen Sie Punkt für Punkt in Tab. 1.4 durch und überlegen Sie, ob Sie das nachvollziehen können) – mal muss man streng auf der Abstellung eines Mangels bestehen, mal darf man die Fünf gerade sein lassen.

„Echte" Probleme im Brandschutz können Menschen gefährden oder erhebliche Sachwerte verursachen – „unechte" interessieren eher nicht.

In Abb. 1.3 finden Sie in der mittleren Spalte die früher üblichen Symbole für die jeweilige brandschutztechnische Beschilderung

Bedeutung	Altes Symbol	Neues Symbol

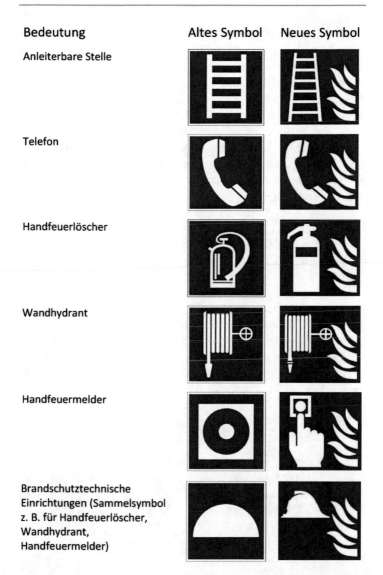

Anleiterbare Stelle

Telefon

Handfeuerlöscher

Wandhydrant

Handfeuermelder

Brandschutztechnische
Einrichtungen (Sammelsymbol
z. B. für Handfeuerlöscher,
Wandhydrant,
Handfeuermelder)

Abb. 1.3 Alte und neue Symbole der brandschutztechnischen Beschilderung. Üblicherweise sind mindestens gebäudeweise die alten *oder* die neuen Schilder vorhanden, keine Mischbeschilderung

und in der rechten Spalte die aktuellen. Behördenvertreter
hätten gern eine einheitliche Bezeichnung im Unternehmen, in
den Brandschutzordnungen und Aushängen – doch wer davon
abweicht, muss nicht davon ausgehen, dass das in irgendeiner
Weise von besonderer Relevanz ist – hieraus eine gefährliche
Situation abzuleiten, wirkt abstrus. Sind Unternehmen, die
solch überarbeitete Schilder erstellen oder Pläne zeichnen ggf.
wirtschaftlich im Vorteil? Nein. Man kann also ohne schlechtes
Gewissen die alten Bezeichnungen verwenden, ohne dass daraus
eine Gefahr oder eine Gefährdung resultiert – wir haben ja unter-
wiesene Kollegen, die damit klarkommen.

> Es sollte klar sein, wo welche Löscheinrichtung platziert
> ist oder wo die Fluchtwege verlaufen.

Auch bei Fluchtwegschildern gibt es völlig veraltete, veraltete
und aktuelle Schilder (Abb. 1.4). Eine gefährliche Situation kann
kein vernünftig denkender Mensch darin sehen, wenn nicht überall die aktuell gültigen angebracht sind. Das Gleiche gilt für in
Abb. 1.5 gezeigte Auswahl an Ausgangsschildern aus Deutschland und anderen Ländern der Welt.

Bedeutung	Aktuelles Fluchtwegschild	Früheres Fluchtwegschild	Noch älteres Fluchtwegschild
Schild			
Veränderung	Der Pfeil wurde verändert, die Ferse wurde abgerundet, die Relationen des Körpers sowie der Winkel des Rückens wurden leicht verändert.	Das Strichmännchen wurde in die Tür gesetzt (jetzt grün, nicht mehr weiß), der Pfeil vergrößert und gerahmt.	Es gab Strichmännchen, Pfeil und Türsymbol – alle drei Symbole weiß auf grünem Hintergrund.
Kommentierung	Alle drei Schilder zeigen optimal den Fluchtweg, eine Verwechslung ist nicht möglich; deshalb ist eine Abänderung kostentreibend, aber sicherheitstechnisch nicht relevant. Deutlich relevanter sind die Größe der Schilder, deren Beleuchtung (ggf. mit Notstrom versorgt) und damit deren Erkennbarkeit sowie die Quantität dieser Beschilderungen.		

Abb. 1.4   Verschiedene Fluchtwegschilder

Bedeutung	Schild	Kommentierung
Fluchtwegführung		➢ Positiv ist, dass das Schild so groß gewählt wurde, dass es gut sichtbar ist. ➢ Ggf. könnte man das Schild etwas höher anbringen. ➢ Negativ ist, dass das Strichmännchen in die andere Richtung läuft, als der Pfeil zeigt; das soll abgeändert werden.
Hinweis zum Ausgang		➢ Das Ausgangsschild in englischer Sprache dürfte für jede Person verständlich sein.
Hinweis zum Ausgang		➢ Das Ausgangsschild in französischer Sprache dürfte für jede Person verständlich sein.
Hinweis zum Ausgang		➢ Das alte Ausgangsschild in einem deutschen Hochhaus der 1970er Jahre dürfte für jede Person verständlich sein.
Hinweis zum zweiten Ausgang	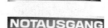	➢ Das alte Notausgangsschild im selben Hochhaus der 1970er Jahre dürfte für jede Person verständlich sein. ➢ Es wird meiner Meinung nach von weltfremden Ideologen als das englische „not ausgang" fehlinterpretiert (!) und deshalb als „gefährlich" eingestuft.
Hinweis zum zweiten Ausgang		➢ Dieses im Freien angebrachte große Hinweisschild ist gut sichtbar. ➢ Man könnte ein Symbol wählen, ggf. wäre das klarer. ➢ Durch die Beschriftung „Notausgang" (s. o.) wird klar, dass man hier nicht im Normalfall, sondern nur im Notfall durchgeht.
Hinweis zum Ausgang		➢ Bei diesem Schild ist die Ferse (so etwas ist manchen Behördenvertretern tatsächlich wichtig!) zwar schon abgerundet, doch der Rücken ist deutlich steiler und in einer Linie mit dem Bein – dennoch logisch, oder?
Hinweis zum Ausgang		➢ Auch wenn man diese Sprache nicht versteht, wird jedem klar sein, dass es sich um ein Ausgangsschild handelt.
Fluchtwegführung		➢ Diese Beschilderung ist sehr alt, aber dennoch klar und eindeutig. ➢ Positiv ist die Größe. ➢ Man könnte das Schild ggf. höher hängen, damit es auch sichtbar ist, wenn sich hier wirklich viele Menschen befinden.

Abb. 1.5 Auswahl an Fluchtwegschildern aus Deutschland und anderen Ländern der Welt

Abb. 1.6 Obwohl dieses Schild nicht zu 100 % der ASR oder einer DIN
entspricht, ist es klar und eindeutig

Auch das Schild in Abb. 1.6 ist klar und eindeutig (die Treppe
runtergehen zum Ausgang) und sollte bestehen bleiben dürfen,
auch wenn es nicht zu 100 % den Technischen Regeln für
Arbeitsstätten (ASR) oder einer DIN entspricht.

DIN-Vorgaben sind hier übrigens völlig unverbindlich, und
von Regeln (ASR, TR) darf man immer dann abweichen, wenn
daraus keine Gefahr oder Gefahrenerhöhung resultiert. Ich denke
und hoffe, dass Sie sich meiner Kommentierung grundlegend
und weitgehend anschließen. Wenn nein, auch okay: Dann
lassen Sie überall in Ihrem Unternehmen oder Ihrer Behörde die
aktuellen Schilder aufhängen. Und wundern Sie sich bitte nicht,
wenn es – solche Bestrebungen gibt es (man sollte sich dagegen
wehren!) – demnächst zu folgender Abänderung kommt: Verläuft der Fluchtweg in die Richtung des Schilds weiter, möchten
manche Personen in Behörden und Firmen, dass der den Fluchtweg anzeigende Pfeil nicht mehr nach unten (Abb. 1.7 links),
sondern nach oben (Abb. 1.7 rechts) verläuft, und zwar mit der
Begründung, dass der Pfeil, wenn man das Schild (analog zu
einem Fluchtwegplan) gedanklich nach vorn legt, nach hinten
zeigen und bedeuten würde, dass man zurückgehen muss. Auch
wenn diese Gefahr als surreal oder abstrus einzustufen ist, diese
Gedanken geistern gerade durch Deutschland (!). Anmerkung:
Mir ist kein Fall bekannt, in dem sich jemand von dem nach

Abb. 1.7 Der nach
unten zeigende Pfeil soll
nach Wunsch mancher
Behörden und Firmen
nach oben zeigen

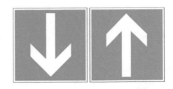

unten führenden Pfeil dazu hat verleiten lassen, nicht ins sichere Freie zu gehen, sondern zurück in den Flammentod …

Anekdote am Rande: Das Schild in Abb. 1.8 wurde von einem kreativen Mönch in einem bayerischen Kloster entworfen und danach auch sehr professionell umgesetzt. Ich habe das Bild gemacht, als ich das Kloster hinsichtlich „Baulicher Brandschutz" beraten durfte. Als die zuständige Berufsgenossenschaft das Kloster wenig später begutachtete, wurde dieses selbst erstellte Schild zunächst bemängelt – dann jedoch (wohl augenzwinkernd) als „erkennbar" und somit als akzeptabel eingestuft mit dem Erfolg, dass es bleiben darf. (Möglicherweise fühlt sich die eine oder andere Frau jetzt diskriminiert, weil man einen Mönch und keine Klosterschwester gezeichnet hat?!).

Zusammenfassend lässt sich sagen, dass keine reale Gefährdung entsteht, wenn man unterschiedliche Fluchtwegschilder in einem Gebäude anbringt. Die Berufsgenossenschaften werden das grundsätzlich anders sehen, aber ich bin der fachlich qualifizierten Meinung, dass das nicht von relevanter Bedeutung ist, weil in Deutschland über 70 Jahre noch nie etwas aufgrund unterschiedlicher Beschilderungen passiert ist und niemand mit den Schildern oder dem Pfeil nach unten oder oben Probleme haben wird. Nach der DIN ISO 16069 sollte in den Piktogrammen der Pfeil nach oben (und nicht nach unten) zeigen, auch wenn das Schild über einer Tür hängt

Abb. 1.8 Dieses selbst erstellte Schild wurde zunächst bemängelt, letztendlich aber doch als akzeptabel eingestuft

– gut, dass diese Regelung völlig unverbindlich und die ASR A1.3 (Sicherheits- und Gesundheitsschutzkennzeichnung) verhandelbar und nicht als starres Gesetz anzusehen ist. Natürlich werden auch sinnvolle, richtige und wichtige Dinge geregelt, z. B. Abstände, Größen, Farben und Anbringungsorte, aber ob ein Strichmännchen in der Tür oder neben der Tür eingezeichnet ist, das sollte ohne Bedeutung sein und nicht als „Mangel" eingestuft werden.

1.7   Ihr ideales Wesen

Brandschutzhelfer sollen erwachsen sein, also in der Lebensgrundeinstellung die Pubertät hinter sich haben. Sie sollten einen Beruf haben, ggf. auch einen Anlernberuf, und ständig vor Ort sein. Außerdem müssen sie ein paar Vorgaben kennen und diese mit den realen Situationen abgleichen können. Wichtig ist die Persönlichkeit, d. h., Brandschutzhelfer müssen schon mal mit Kollegen oder auch Vorgesetzten sprechen und Dinge vermitteln können, die vielleicht unangenehm sind, aber eben gesagt werden müssen – unaufgeregt, sympathisch und fachlich korrekt: „So bitte" oder „So bitte nicht, das ist verboten und gefährlich". Das muss man hinbekommen. Und dann gibt es Situationen, in denen man nicht ständig andere belehrt, sondern einfach selbst mal Hand anlegt und Probleme präventiv vermeidet. So zieht man z. B. Brandschutzkeile nicht einfach nur heraus und legt sie neben die Tür, sondern man entsorgt sie, und zwar so, dass sie nicht mehr zugänglich sind. Und kommt man mal nicht weiter, gibt es ja noch den Brandschutzbeauftragten oder die vorgesetzten Personen, die sich sicherlich bzw. hoffentlich auch für den Brandschutz interessieren.

Grundzüge des Brandschutzes

2

Die Ausbildung für Brandschutzhelfer gliedert sich in fünf theoretische Teile. Das vorliegende Kapitel behandelt in sechs kurz, prägnant und pragmatisch abgehandelten Abschnitten den ersten Teil, die Grundzüge des Brandschutzes. Denn nur wenn man grundlegendes über den Verbrennungsvorgang weiß, kann man herleiten, welche Methode des Löschens sinnvoll und erfolgreich ist.

> Die grundlegenden Punkte des Brandschutzes sind von besonderer Bedeutung.

Die weiteren vier Teile lauten:

- Betriebliche Brandschutzorganisation (Kap. 3)
- Funktion/Wirkung von Feuerlöscheinrichtungen in der Theorie (Kap. 4)
- Gefahren durch Brände (Kap. 5)
- Verhalten im Brandfall (Kap. 6)

Eine praktische Übung mit Handfeuerlöschern, die sowohl für Brandschutzhelfer als auch für Brandschutzbeauftragte sein muss, rundet das Ganze schließlich ab (Kap. 7). Aber jetzt beginnen wir mit den wesentlichen Grundzügen des Brandschutzes, welche die Grundlage sind für alles, was da noch kommt. Und hier gibt es Wichtiges zu lernen und zu wissen, das man dann privat und beruflich anwenden kann.

2.1   Grundlagen der Verbrennung

Wie beginnen mit den Grundlagen einer Verbrennung. Wann brennt es denn? Wer das weiß, weiß im Gegenzug auch, wann es nicht brennt (wenn Brandschutz nur so einfach wäre!). Simpel und korrekt, es brennt, wenn drei Faktoren zeit- und ortgleich zusammenkommen:

1. eine ausreichend starke Zündquelle,
2. ein brennbarer Gegenstand (Brandlast genannt) und
3. Sauerstoff (dieser ist mit ca. 21 % immer in der Luft ausreichend vorhanden).

Nun gibt es Dinge, die sich leicht und schnell mit einem Feuerzeug anzünden lassen, und andere, die deutlich mehr Energie benötigen. So kann man Benzindämpfe bereits lediglich mit der elektrostatischen Aufladung am Körper entzünden, aber kaum mit der Glut einer Zigarette (Tipp: Rauchen Sie dennoch nicht an der Tankstelle!). Eine Gardine kann man auf diese Art nicht entzünden, wohl aber mit der Flamme einer Kerze. Ein PVC-Stromkabel kann mit hohen Strömen oder der Überspannung eines Blitzeinschlags und eine Küchenarbeitsplatte mit der Flamme eines Gasbrenners entzündet werden, und die elektrische Energie eines defekten Wasserkochers kann tatsächlich eine dicke, beschichtete und somit schwerentflammbare Küchenarbeitsplatte zum Brennen bringen. Fachleute stufen brennbare Gebäudebestandteile deshalb in leichtentflammbar, normalentflammbar und schwerentflammbar ein, aber Achtung: Die Begriffe „brennbar" und „entflammbar" haben im Brandschutz völlig unterschiedliche Bedeutungen, leider! Und dann gibt es natürlich auch noch die nichtbrennbaren Gegenstände. Sowohl brennbare als auch nichtbrennbare können definierte Feuerangriffe von bis zu ca. 1000 °C 30, 60 oder sogar 90 min aushalten, ohne zu versagen.

Brände darf man nur löschen, wenn man sich nicht durch Rauchgase gefährdet.

Je weniger brennbare Gegenstände vorhanden sind und je höher die entflammbare Einstufung der verbleibenden Gegenstände ist, umso geringer ist die Brandgefahr einerseits. Andererseits verringert man die Brandgefahr, wenn man möglichst wenige potenzielle Zündquellen vorhält oder eben diese räumlich und zeitlich von den Brandlasten entfernt hält. Außerdem gibt es noch die Möglichkeiten, beides zu kapseln oder zu überwachen.

So weit die nötigen Grundlagen des Brennens. Was uns als Brandschutzhelfer jedoch noch deutlich mehr interessiert, ist, wie man Brände konkret verhindern kann – das ist ja unsere Aufgabe! Die eben erwähnte räumliche Trennung von Brandlasten und Zündquellen ist wohl die wichtigste Empfehlung. Hierzu einige Beispiele:

- Kleidung nicht an die Ladestation des Flurförderzeugs hängen!
- Kaffeemaschine nicht auf brennbaren Untergrund und nicht an Gardine stellen!
- Steckdosenverlängerungen nicht abdecken und staubfrei halten
- Lüftungsöffnungen von Geräten freihalten – dies regelmäßig überprüfen!
- Keine Kerzen aufstellen oder, wenn doch, diese nicht 1 min unbeobachtet lassen!
- Zu Hause bei Kerzenlicht auf Haustiere wie Katzen (die können auf den Tisch springen) oder gekippte Fenster (Wind kann den Vorhang an die Flamme wehen) achten!
- Den Kompressor mit einem bestimmten Radius brandlastfrei halten – ständig!

- Laderampen freihalten von brennbaren Gegenständen. Dort gilt ein Rauchverbot!
- Den PKW nicht auf einer trockenen, hohen Wiese parken!
- Den Müllbehälter nicht direkt unter der Stromverteilung aufstellen!
- Den Heizungsraum freihalten!
- Auf dem 19-Zoll-Rack keine Kartons abstellen!
- Die Zigarettenglut nicht zu früh zum Restmüll zugeben!

Löschen kann man mit Wasser (das kühlt), Kohlendioxid (das nimmt den Sauerstoff) oder Schaum (kühlt *und* nimmt den Sauerstoff) und in wenigen Fällen wählt man auch Pulver.

Aufgabe

Überlegen Sie sich möglichst viele weitere hierzu passende Punkte aus Ihrem beruflichen und privaten Umfeld! Und überlegen Sie gleichzeitig, ob diese nötig oder unnötig sind, wie man ein Feuer verhindern könnte und ob es Substitutionsmöglichkeiten gibt (d. h. Möglichkeiten, einen Stoff, ein Gerät oder ein Arbeitsverfahren durch einen weniger brandgefährlichen Stoff bzw. ein weniger brandgefährliches Gerät oder Arbeitsverfahren zu ersetzen).

Die nächste Empfehlung nach der räumlichen Trennung von Brandlasten und Zündquellen ist deren zeitliche Trennung. Die Brandlast darf ja durchaus am Kompressor stehen, wenn dieser kalt ist und nicht betrieben wird; die Kaffeemaschine darf im Holzregal stehen und den Vorhang berühren, wenn diese nicht gerade nicht betrieben wird. Was ich Ihnen hier vermitteln will, ist, dass Sie Ihren brandschutztechnischen Verstand vor jeder Aktivität einschalten und überlegen, wo und wie Sie potenzielle Brandlasten von Zündquellen entfernt halten können – das ist Brandschutz!

Durch die bereits erwähnte Einhausung von Brandlasten und/oder Zündquellen kann man weiter sehr effektiv dazu beitragen, dass es nicht zu einem Brand kommt. Häufig kann man eine räumliche Trennung dieser beiden Gefahren nicht realisieren (z. B. gibt es innerhalb eines Elektrogeräts Brandlasten und Zündquellen). Was spricht dagegen, die Brandlast in einen Metallschrank zu stellen, die brennbare Flüssigkeit in einem feuerbeständigen Schrank zu lagern oder um funkenbildende oder wärmeabgebende Einrichtungen (also Zündquellen) eine metallene Abschirmung anzubringen? Oder man installiert automatische Rauchmelder in einem Schaltschrank, um so die Phase des Entstehens mitzubekommen. Sie machen in Richtung Brandschutz auch einen großen Schritt, wenn Sie Kompressoren in eigenen Räumen aufstellen, die ansonsten brandlastfrei sind – und dem Arbeitsschutz dienen Sie damit auch, denn diese Geräte sind mit über 85 dB (A) auch zu laut (Gehörschädigungen wahrscheinlich).

> Brandschutz funktioniert, wenn man Brandlasten und Zündquellen voneinander trennt.

Nun geht das aber nicht immer und überall, also kann man Sensoren anbringen, die auf Rauch, Temperatur oder Wärmestrahlung reagieren und alarmieren – dann kann es zwar einen Schaden geben, aber durch das frühzeitige und automatische Rufen von Löschkräften hält sich dieser in Grenzen. An Rollenlagern von Stetigförderern kann man wärmefühlende Sensoren anbringen – diese melden, bevor es zu einem Brand kommt!

Will man, dass Technik funktioniert und möglichst keine Brände auslöst, muss man sie warten. Jedes Fahrrad, jedes Auto, jeder Kompressor muss regelmäßig von einer befähigten Person inspiziert werden, um die ordnungsgemäße Funktion gewährleisten zu können. Es gibt eine Vielzahl von Vorgaben (BetrSichV, VdS, TÜV, DGUV, VDE …), die das fordern und auch vorgeben, wer prüfen darf/muss (z. B. ZÜS) und wie tief zu prüfen ist. Für deren Umsetzung sind jedoch nicht die Brandschutzhelfer zuständig, sondern andere Personen im Unternehmen; die Brandschutzhelfer müssen lediglich wissen, dass so etwas gefordert ist und ggf. mal nachfragen, ob das denn bei Anlage A, Kompressor B, Handfeuerlöscher C oder den Verlängerungskabeln D dann auch wirklich geschehen ist.

Eine der wesentlichen Aufgaben von Ihnen als Brandschutzhelfer ist, die übrige Belegschaft – die in Bezug auf Brandschutz ja meist eine durch keinerlei Fachwissen geprägte Meinung hat – zu sensibilisieren. Dazu wäre es gut, wenn Sie eine pädagogische bzw. psychologische Ausbildung hätten, denn bei der Weitergabe von Informationen kommt es meist mehr auf das Wie und weniger auf das Was an. Sie dürfen nicht besserwisserisch, oberlehrerhaft, altklug, von oben herab oder gar arrogant brandschutztechnisches Wissen weitergeben. Und Menschen, die dieses Wissen noch nicht haben, sind allein deswegen ja nicht unintelligent (vor 20 min war Ihr Brandschutzwissen ja auch noch geringer, Ihre Intelligenz jedoch nicht!). Wenden Sie Ihren gesunden Menschenverstand an, denn bei Person A kommt Methode 1 gut an und bei Person B eine andere – Sie kennen Ihre Kollegen und haben es im Gefühl, wann Sie wem und wie etwas vermitteln können. Jeder, der mit einem Partner zusammenlebt, Kinder hat, nebenbei als Sporttrainer arbeitet oder Untergebenen etwas vermitteln will und muss, versteht, was damit gemeint ist.

Dabei darf man nicht vergessen, dass es immer brandschutztechnische Gesetze und meist eine betriebliche Brandschutzordnung gibt, die jeder einhalten muss – das zu kontrollieren, dafür ist übrigens der jeweilige Vorgesetzte zuständig. Wir als Brandschutzhelfer können diese Personen und auch die Brandschutzbeauftragten höchstens auf bestimmte Situationen aufmerksam machen – angenehm ist, dass wir nicht mehr oder weniger als vorher verantwortlich zu machen sind.

Bleiben wir kurz bei dem Wort „Verantwortung", das übrigens nichts Negatives beinhaltet. Grundlegend ist jeder erwachsene und mental gesunde Mensch für alles, was er macht und auch für Unterlassungen verantwortlich (nachzulesen im BGB, § 823; Sie müssen in Ihr Smartphone oder den Computer nur „823 bgb" eintippen – es muss also weder § eingegeben noch BGB großgeschrieben werden!). Dabei ist es unerheblich, ob wir uns am Fußballplatz, im Café, im Supermarkt, zu Hause, im Straßenverkehr oder am Arbeitsplatz befinden – wir Erwachsenen sind für unsere Taten verantwortlich. Man muss sich darüber bewusst sein, dass man keinen Freibrief hat und für Schäden versicherungsrechtlich, arbeitsschutzrechtlich, zivilrechtlich und im schlimmsten Fall auch strafrechtlich herangezogen werden kann: Finanzielle Wiedergutmachung, Geldstrafen, Bewährungsstrafen oder Haftstrafen bis hin zum wirtschaftlichen Ruin können die Folge sein. Deshalb zeugt es von Intelligenz, wenn man sich darum kümmert, welche Handlungsweisen erlaubt und nötig sind, und wenn man sich informiert, wer was darf und was man selbst machen muss – ggf. zahlt das Unternehmen eine Ausbildung bzw. einen Kurs.

> Jede erwachsene und gesunde Person ist jederzeit und überall für ihr Tun und ggf. auch für Unterlassungen verantwortlich.

Nun gehört zu den Grundlagen des Brandschutzes aber auch, die Gefahren eines Brands zu kennen. Vergessen Sie bitte Feuerszenen aus völlig überzogenen Actionfilmen – die sind spektakulär, aber nie realistisch. Wenn es real brennt, ist es dunkel durch den Rauch. Dunkel und heiß, tödlich heiß! Doch bevor uns die Brandhitze von ca. 1000 °C tötet, sterben wir binnen zwei oder drei Atemzügen an dem giftigen Rauch, also innerhalb von Sekunden. Es gibt nämlich nur einen Stoff weltweit, dessen Rauchprodukte nicht (zumindest nicht sofort) tödlich sind, und das ist Tabak; alle anderen Stoffe erzeugen bei ihrer Erwärmung Rauchgase, die sich extrem toxisch auf unseren Körper auswirken, und zwar binnen Sekunden. Und in Actionfilmen ist es hell, man sieht kaum Rauch, und der Held darf dann die meist wenig bekleidete Frau retten – wenn das nur im wahren Leben auch so wäre, liebe Kollegen! Übrigens, nicht nur Tabak, auch andere Rauschgifte sind erst mal nicht sofort tödlich – aber betonen Sie bitte bei dem Wort „Rauschgift" nicht den Rausch, sondern das Gift, denn das allein tötet (egal was Ihnen andere dazu sagen!).

Etwa 95 % der weltweiten Brandtoten sind Rauchtote!

Was wir daraus lernen, ist, dass wir unser Leben auch bei einem kleinen Feuer schnell gefährden, doch wir dürfen unser Leben nicht für Sachwerte riskieren – was jedoch fast täglich in Deutschland passiert. Helfen Sie mit, diese Zahl zu reduzieren, indem Sie dieses Fachwissen unter die Leute bringen – am Arbeitsplatz, zu Hause, im Freundes- und Familienkreis oder auch in Vereinen.

Für Sachwerte riskiert man sein Leben nicht, für Menschen unter Umständen schon!

2.2   Vorgänge beim Löschen

Wir „Nichtfeuerwehrleute" sollen, dürfen und müssen Entstehungsbrände (das sind kleine Brände, die erstmal nicht lebensgefährlich sind für uns) löschen. Ausreden wie „Ich weiß nicht, wie das geht", „Ich bin doch nur eine Frau" (glauben Sie mir, solche Sprüche hört man vor Gericht!) oder „Das geht mich doch nichts an" können einem vor Gericht nachteilig ausgelegt werden. Was ein Entstehungsbrand von einem „richtigen" Brand unterscheidet, ist Folgendes: Bei einem Entstehungsbrand kann man sich aufgrund geringer Rauch- und Wärmeentwicklung und der guten Sicht noch problem- und gefahrlos dem Feuer nähern. Entzündet die Kerze den Adventskranz, dann kann man sich diesem noch nähern und mit dem Inhalt einer Mineralwasserflasche das Feuer löschen. Einen Papierkorbbrand kann man durch das Auflegen eines Ordners löschen und eine brennende Palette durch den Einsatz eines Handfeuerlöschers. Bei einem größer gewordenen Brand wird man den Raum verlassen und – ganz wichtig – die Tür hinter sich schließen.

Das simple Schließen einer normalen Tür von einem Raum, in dem es brennt, entscheidet oft über Leben und Tod und kann auch einen Löscheinsatz deutlich vereinfachen!

Doch was passiert beim Löschen eigentlich? Warum geht ein Feuer aus? Nun, wir haben ja im vorangegangenen Abschnitt gelernt, dass ein Feuer drei Dinge braucht, um am Leben zu bleiben, nämlich Sauerstoff, Brennstoff und Energie. Man muss also nur eine der drei unterschiedlichen physikalischen Größen beseitigen, und das geht so:

1. Entfernen des Sauerstoffs, indem man Stickstoff oder – wie in Kohlendioxid-Feuerlöschern vorhanden – auch CO_2 zugibt oder indem man den brennbaren Gegenstand abdeckt, etwa mit ABC-Löschpulver (Übrigens, Kohlendioxid – CO_2 – ist etwas völlig anderes als Kohlensäure – $H2CO_3$, Kohlensäure entsteht im Wasser, wenn es mit Kohlendioxid zusammen chemisch reagiert; alle drei Stoffe zusammen sind eine wesentliche Grundlage für das Leben.)
2. Entfernen der brennbaren Gegenstände, indem man Gegenstände aus dem Brandbereich entfernt, die noch nicht brennen
3. Entfernen der Zündquelle, also der Temperatur des Feuers, indem man das Feuer kühlt, beispielsweise durch das Hineinspritzen von Wasser

Lösung 1 hat den Nachteil, dass damit auch der zum Atmen und damit zum Leben nötige Luftsauerstoff verdrängt wird – wir werden weiter hinten auf diese Problematik noch näher informativ eingehen. Lösung 2 mag in einigen wenigen Fällen funktionieren, meistens aber wird man auf Lösung 3 zurückgreifen, und das bedeutet: Durch das Löschmittel Wasser oder Schaum wird gekühlt und durch Schaum und Pulver auch eine Trennschicht zwischen Luftsauerstoff – also Lösung 1 – und dem brennenden Produkt erzeugt. Und schon ist das Feuer aus.

Tab. 2.1 Verschiedene Löschmittel

Löschgrund	Löschmittel
Abkühlen des brennbaren Stoffs	Wasser Schaum
Sauerstoffentzug (<15 %)	Kohlendioxid (CO_2)
Trennung vom Sauerstoff zum brennenden Gegenstand	ABC-Pulver BC-Pulver D-Pulver F-Löschmittel Schaum
Antikatalytische Reaktion	Halone*

*Halone sind, besonders für Menschen, nicht gefährlich. Es sind äußerst effektive Löschgase, die in Flugzeugen und militärischen Bereichen erlaubt sind, aus Gründen des Umweltschutzes jedoch für den „normalen" Verbraucher seit dem 01.08.1991 verboten wurden

Tab. 2.1 zeigt, welche Löschmittel mit welchen physikalischen Methoden ein Feuer bekämpfen.

Es gibt grundsätzlich vier Arten, Brände zu löschen: Kühlen, Trennen (Luft vom gerade brennenden Gegenstand), Sauerstoffreduzierung (von ca. 21 % auf unter 15 %) und der sog. antikatalytische Effekt. Kühlen funktioniert mit Wasser, Trennen mit Schaum und Pulver und die Sauerstoffreduzierung mit Kohlendioxid. Antikatalytisch ist der Einsatz von Halonen und zum Teil auch Pulver, d. h., es finden chemische Reaktionen statt.

Wichtig: Angenommen, bei einem Brand stehen die Löschmittel Pulver und Schaum zur Verfügung. Man löscht jetzt entweder mit Pulver *oder* mit Schaum, nicht mit beiden gleichzeitig. Das Pulver versintert und löscht somit; der Schaum würde diesen Vorgang blockieren. Der Schaum deckt zwar ab (wie der Schaum auf einem Bier), aber das Pulver würde den Schaum zum Zusammenfallen bringen. Somit ist der Einsatz von beiden Löschmittel kontraproduktiv. Wohingegen zwei Schaumlöscher oder zwei Pulverlöscher gleichzeitig durchaus sinnvoll sein könnten!

Aufgabe

Überlegen Sie sich an mehreren Stellen in Ihrem Unternehmen, welches Löschmittel für welchen Brand besonders gut oder auch besonders kritisch oder uneffektiv wäre. Und machen Sie das bitte, bevor es brennt!

2.3 Häufige Brandursachen

Es gibt eine ganze Reihe von Brandursachen – manche sind eher selten und kaum vermeidbar, andere passieren häufiger und ließen sich oft sehr einfach vermeiden. Sie sehen daran schon, wo man ansetzen muss. Die Häufigkeit von Brandursachen ist nicht absolut, sondern relativ, was bedeutet, dass es im Lager, in der Küche, im Büro, in den Technikbereichen und an den Produktionsstellen A, B, C und D eben jeweils unterschiedliche Hauptbrandursachen gibt. Pauschal kann man sagen, dass es die nachfolgenden Brandursachen gibt (Reihenfolge ohne Wertung):

- Strom, elektrische Anlagen, Beleuchtungsanlagen
- Brandstiftung (vorsätzlich, fahrlässig)
- Falscher Umgang mit Abfall
- Feuergefährliche Arbeiten
- Kerzen, offenes Licht
- Falsches Raucherverhalten
- Gefahren durch feuergefährliche Arbeiten bei Bauarbeiten (Abschn. 2.4)
- Verstellte Abluftöffnungen
- Blitz, Überspannungen
- Explosionen aufgrund der Verfahrenstechnik
- Menschliches Fehlverhalten
- Grobe Fahrlässigkeit
- Ladevorgänge von akkubetriebenen Gerätschaften

Auch weniger häufige Brandursachen können real werden!

Aufgabe

Überlegen Sie sich weitere real mögliche Brandursachen – und auch gleich Maßnahmen, die diese Gefahr minimiert oder sogar eliminiert.

Bitte denken Sie nach und finden Sie mindestens vier weitere realistische Brandursachen; gehen Sie dazu vor Ihrem geistigen Auge durch Ihre Wohnung, durch die verschiedenen Arbeitsbereiche und haben Sie immer die „Brandursache" vor Augen. Wer von Ihnen richtig gut ist, wird nicht vier, sondern zehn oder 15 weitere, ganz konkrete Ursachen finden – und schon sind Sie mitten in einer Gefährdungsbeurteilung mit dem Ziel, die Brandgefahr zu minimieren. Diese brandschutztechnische Verbesserung kann baulich, organisatorischer, anlagentechnischer oder auch abwehrender Natur sein.

Strom, Brandstiftung und Fehlverhalten (Nichtwissen, Nichtbeachtung von Regeln) sind zu ca. 99 % die Brandursache (!!!).

▶ **Tipp** Versteifen Sie sich nicht zu sehr auf irgendwelche mehr oder weniger glaubwürdigen Tabellen, die prozentual vorgeben, wo es wie häufig brennt – im konkreten Einzelfall hilft Ihnen das nämlich überhaupt nichts. Was hilft Ihnen denn die Angabe, dass die Brandursache X eine Eintrittswahrscheinlichkeit von $2,8 \times 10^{-7}$ beträgt? Entweder es passiert (also 100 %), oder es passiert nicht (0 %). Oder wählen wir mal die Brandstiftung: In Diskotheken ist das zu ca. 50 % die Brandursache, bei Chemiekonzernen liegt der Anteil bei < 3 %. Also, welche Statistik ist brauchbar?

Aufgabe

Überlegen Sie sich a), welche der Brandursachen an Ihrem Arbeitsplatz die Hauptursache sein könnte, und denken Sie konstruktiv darüber nach, b) welche Brandschutzmaßnahmen in diesem Fall effektiv wären, und, wenn nicht, wie Sie c) löschen würden.

2.4 Feuergefährliche Arbeiten

Feuergefährliche Arbeiten sind insbesondere das Löten, Flexen, Schweißen und Abbrennen von Unkraut – manchmal auch Bohren (Hartholz, Metalle). Diese Arbeiten haben einen „guten" Anteil an betrieblichen Brandursachen, und da es Vorgaben gibt, wie man sie verhindern muss (diese oft aber nicht eingehalten werden), können die Versicherungen die Schadenzahlungen – juristisch korrekt – verweigern. Bitte erkundigen Sie sich in Ihrem Betrieb, welche Brandschutzmaßnahmen vor, während und nach feuergefährlichen Arbeiten gefordert sind, und sorgen Sie dafür, dass diese auch eingehalten werden. Insbesondere die Feuerversicherungen, aber auch die Berufsgenossenschaften geben Vorgaben heraus, wie man sich bei brandgefährlichen Arbeiten zu verhalten hat. Die Beobachtung der Arbeit durch eine qualifizierte Person (die sofort löschen kann) ist von großer Bedeutung, wird aber aus Kostengründen (denn diese Person hat ja sonst nichts zu tun und kostet Geld) oft eingespart; Gleiches gilt für die Brandwache, die man unterschiedlichen Vorgaben zufolge über mindestens zwei Stunden, vier Stunden oder sogar 24 h (!) stellen muss.

Feuergefährliche Arbeiten sind eine der Hauptbrandursachen, dabei wäre der Brandschutz meist so einfach gewesen!

▶ **Tipp** Fremdhandwerker sind in Richtung „Sicherheit" erfahrungsgemäß meist etwas großzügiger als die eigene Belegschaft. Sehen Sie ihnen deshalb etwas mehr auf die Finger, vermitteln Sie ihnen Wissenswertes zum Brandschutz.

Es muss bei feuergefährlichen Arbeiten außerhalb der dafür vorgesehenen Arbeitsplätze immer eine betriebliche Regelung geben. Dabei ist es nicht relevant, ob eine interne oder externe Person diese Arbeiten durchführt. Diese Regelungen beschäftigen sich mit drei Dingen:

1. Was ist vorab zu tun (z. B. Genehmigung erstellen, Belegschaft informieren)?
2. Was ist während der Arbeit zu tun (z. B. Feuerlöscher stellen und die Arbeiten aus einer bestimmten Distanz durch eine zweite Person beobachten lassen)?
3. Was ist im Nachhinein zu tun (z. B. ausreichend lang eine befähigte Brandwache aufstellen, Gasflaschen entfernen)?

Dieses Buch soll und kann darauf nicht weiter eingehen – werden Sie selbst aktiv. Besorgen Sie sich den in Ihrem Unternehmen üblichen „Erlaubnisschein für feuergefährliche Arbeiten", lesen Sie ihn durch und sorgen Sie dafür, dass das auch so umgesetzt wird. Von besonderer Bedeutung sind die nachfolgend aufgeführten Punkte:

- Es muss jemand die feuergefährliche Arbeit freigeben.
- Brennbare Stoffe sind vorab aus dem Gefahrenbereich zu entfernen oder effektiv abzudecken.
- Eine qualifizierte Brandwache muss vorab ausgesucht und informiert werden.
- Es muss eine Person geben, die diese Arbeiten beobachtet und ggf. eingreifen kann.
- Eine besonders qualifizierte Person muss diese feuergefährlichen Arbeiten durchführen.
- Die Brandwache muss anschließend „ausreichend lang" kontrollieren.

Fehlverhalten bei und nach feuergefährlichen Arbeiten sind eine der Hauptbrandursachen in Unternehmen!

▶   **Tipp** Seit ca. 20 Jahren ist „fahrlässige Brandstiftung" (diese begehen Handwerker immer dann, wenn es aufgrund ihrer Arbeiten zu einem Brand kommt) keine Ordnungswidrigkeit mehr, sondern strafrechtlich relevant – selbst das Herbeiführen einer Brandgefahr wird hier abgehandelt (beides nachzulesen im StGB, § 306 d und f). Nehmen Sie das also richtig ernst, denn wenn der Staatsanwalt ermittelt und jemand verurteilt wird, kann dieser ggf. mit seinem privaten Vermögen für den entstandenen Schaden am Arbeitsplatz haftbar gemacht werden!

Aufgabe

Suchen Sie bitte im Internet (z. B. auf der Seite Ihrer Feuerwehr oder der von der nächsten Großstadt) nach aktuellen Bränden, lesen Sie, was passiert ist, und denken Sie analytisch darüber nach: Was hat dazu geführt? Was ist falsch gelaufen? Wie hätte man die Brände verhindern können? Wie hätte man sie minimieren können? Was sollte man zukünftig verändern? Was lernen wir aus diesen Bränden? Kurz: Was hätte ich vorab gemacht, nachdem ich jetzt weiß, was passiert ist? Die Lösungen werden immer einfach und kostengünstig sein, doch selbst diesen geringen Aufwand wollte man sich offenbar sparen!?

2.5   Betriebsspezifische Brandgefahren

Zu diesem Abschnitt kann ein pauschal gehaltenes Buch wie dieses am wenigsten beitragen. Die Leserschaft arbeitet im Krankenhaus, in der Verwaltung, in der Registratur, in der EDV, in Großküchen, in der Logistik und in vielen unterschiedlichen Produktionsbereichen (Lebensmittel, Holz, Elektronik, Kunststoffe, Gerätebau ...). Welche betriebsspezifischen Gefahren dort vorhanden sind, müssen Sie bitte selber eruieren – entweder der Gefährdungsbeurteilung entnehmen oder bei den Vorgesetzten oder dem Brandschutzbeauftragten erfragen. In Tab. 2.2 werden dennoch einige Brandgefahren für verschiedene Arbeitsbereiche aufgelistet.

> In jeder Unternehmensart gibt es andere Hauptbrandgefahren!

Aufgabe

Überlegen Sie sich weitere Brandursachen zu den in Tab. 2.2 genannten Bereichen.

Aufgabe

Überlegen sie sich darüber hinaus weitere Hauptbrandgefahren und – zum Thema „Produktion" konkret in Ihrem Unternehmen – wo welche Brandgefahr(en) existieren. Sollten Sie in einem reinen Bürobetrieb arbeiten, überspringen Sie diese Aufgabe oder – besser – versetzen Sie sich in ein bestimmtes, Ihnen bekanntes Unternehmen und gehen die Aufgabe dennoch an. Und dann leiten Sie bitte effektive Präventivmaßnahmen ab oder eruieren Sie diese mit Kollegen und dem Brandschutzbeauftragten. Wenn der Brandschutzbeauftragte die eine oder andere Lösung von Ihnen ablehnen sollte, diskutieren Sie mit ihm, um seine Beweggründe zu verstehen, und lernen Sie daraus. Wenn Sie Feuerwehrmann sind, kann es übrigens möglich sein, dass der Brandschutzbeauftragte auch von Ihnen jetzt noch etwas lernt!

Tab. 2.2   Beispiele für Brandgefahren in verschiedenen Arbeitsbereichen

Ort	Hauptbrandgefahren
Büro	Kaffeemaschine mit Heizplatte Ladevorgang beim Handy (privates?) PC- oder Kopiererbrand
Lager	Ladevorgang vom Flurförderzeug Lagerung an Beleuchtungsanlage Gasbeheizung in der Halle
EDV	Brand in der Klimatechnik Kabelschmorbrand in Steckverbindung EDV-Gerät brennt wegen Klimaanlagenausfall
PKW (Außendienst)	Explosion der Laptopbatterie aufgrund direkter Sonneneinstrahlung Explosion des Smartphone-Akkus aufgrund direkter Sonneneinstrahlung oder eines mechanischen Defekts Explosion des Feuerzeugs am Armaturenbrett aufgrund direkter Sonneneinstrahlung
Produktion	Brand aufgrund der individuellen Verfahrenstechnik Selbstentzündung von Stoffen Brand durch unvorsichtiges Raucherverhalten
Außenbereich	Brandstiftung an Paletten Direkter Blitzeinschlag Eigenentzündung des Abfalls
Küche	Fettbrand mit nachfolgender Explosion Pfannenbrand wegen falschen Löscheinsatzes (Wasser) Abzugsbrand aufgrund von flambiertem Essen
Müllbereiche	Selbstentzündung Brandstiftung Brand durch Beleuchtungsanlage
Technikraum	Kompressorbrand Gerätebrand Schaltschrankbrand

2.6   Zündquellen

Wir alle haben ja praktisch überall im privaten und beruflichen Umfeld Brandlasten, aber es brennt glücklicherweise eben doch relativ selten. Der Grund liegt darin, dass die potenziellen Zündquellen an diese Brandlasten räumlich nicht herankommen oder dass deren Energie nicht ausreicht, um ein schädigendes Feuer (das wäre dann ein Brand) zu erzeugen.

> Jeder Brand ist bereits einer zu viel!

Wir müssen wissen, was potenzielle Zündquellen sind, wo sie sind, wie effektiv sie sein können und wie man sie von den Brandlasten fernhält. Das geht z. B. in einem Auto oft nicht, bei elektrischen und elektronischen Gerätschaften ebenso wenig. Aber wenn wir auf Steckdosenverlängerungen lesen, dass man regelmäßig den Staub von ihnen absaugen soll, dann sieht man daran, dass sich die, die das darauf drucken ließen, wohl etwas gedacht und ihre (negativen) Erfahrungen gemacht haben; vor diesen wollen sie uns warnen. Man stelle sich mal vor: So eine triviale Maßnahme wie das Entfernen von Staub auf Steckdosenverlängerungen trägt schon zum Brandschutz bei. Es sind fast immer triviale Dinge, die zu elementar schlimmen Bränden führen! Nachfolgend werden einige Zündquellen aufgeführt, die zum Teil jedoch nicht vermeidbar sind, d. h., mit denen müssen wir zurechtkommen, aber man kann sie ja beobachten, kapseln, trennen oder mit einem überwachenden Sensor versehen):

- Strom
- Kerze
- Zigarettenglut
- Brandstiftung
- Schweißperle
- Katalysator
- Motor/Auspuff

- Funkenflug
- Wärmestrahlung
- Chemische Reaktion
- PKW-Brand vor Gebäude
- Brand in Nachbarschaft
- Elektrogeräte
- Reibungswärme
- Druckerhöhung

Sprechen Sie mit dem Brandschutzbeauftragten, wenn Sie Risiken sehen, und überlegen Sie gemeinsam, wie man diese Zündquellen eliminieren, überwachen oder kapseln kann. Und bitte verstehen Sie den Sinn der Aufgabe: Wir wollen Brände ja vermeiden, nicht entstehen lassen.

Aufgabe

Überlegen Sie sich weitere Zündquellen, beschäftigen Sie sich regelmäßig und aktiv mit Brandschutz! Im Laufe der Zeit werden Sie auf viele andere Zündquellen kommen und auch darauf, wie man Brände vermeiden oder zumindest die schädigenden Auswirkungen reduzieren kann.

Betriebliche Brandschutzorganisation

Jetzt sind wir bereits beim zweiten Teil, dem betrieblichen Brandschutz, angelangt. Scheuen Sie sich bitte nicht, Kap. 2 nochmals zu lesen oder es später nochmals querzulesen – nicht weil das intellektuell so anspruchsvoll war, sondern weil man sich eben beim ersten Mal Lesen oder Hören nicht alles zu 100 % merken kann. (Oder hatten Sie in der Schule nur Einser? Ich eher selten, und das war auch – ehrlich gesagt – in meinem Studium nicht wesentlich anders! Dennoch bin ich ein guter Brandschutzingenieur, und Sie werden ein guter Brandschutzhelfer!) Das vorliegende Kapitel ist in fünf Abschnitte gegliedert, die Ihnen den betrieblichen Brandschutz nahebringen sollen und hoffentlich auch werden.

> Der gute betriebliche Brandschutz ist primär wichtig, deutlich wichtiger als alle anderen Standbeine des Brandschutzes!

3.1 Brandschutzordnung nach DIN 14096

Jedes Unternehmen muss eine Brandschutzordnung (BSO) haben. Diese Brandschutzordnungen unterscheiden sich von Unternehmen zu Unternehmen, und auch innerhalb eines Unternehmens in den unterschiedlichen Abteilungen (Produktion,

Logistik, Verwaltung, Kantinenküche ...) weichen die Inhalte zum Teil erheblich voneinander ab. Wir als Brandschutzhelfer müssen natürlich die in unserem Bereich gültige Brandschutzordnung kennen – das ist sozusagen unsere Bibel, an die wir uns mindestens halten müssen. Verstöße müssen wir beseitigen oder melden.

Eine betriebliche Brandschutzordnung besteht immer aus drei Teilen:

1. Teil A: Ein überall gleich aussehender Aushang für alle im Gebäude befindliche Personen. Sehen Sie sich den Teil A mal an, und Sie werden feststellen, dass er völlig trivial ist, aber eben auch elementar richtig und wichtig – und im Brandfall ist es nahezu unmöglich, diese Empfehlungen umzusetzen (z. B. überlegt und ruhig zu bleiben).
2. Teil B: Eine schriftliche Unterlage (kann auch im Intranet digital zur Verfügung stehen) für die Belegschaft/Mieter (also für Personen, die sich regelmäßig im Gebäude aufhalten). Hier steht schon mehr und Konkretes, individuell Abweichendes drin.
3. Teil C: Eine immer schriftlich ausgedruckte Unterlage für alle Personen, die im Brandfall besondere Aufgaben haben, d. h., Brandschutzhelfer sind eigentlich immer dem Teil C zugehörig, denn sie haben ja Aufgaben präventiver und kurativer Art im Brandschutz und da vielleicht sogar den wichtigsten Part, liebe Kollegen!

Aufgabe

Besorgen Sie sich Teil B der Brandschutzordnung Ihres Unternehmens (eigentlich müssten Sie ihn schon haben und kennen) und lesen Sie ihn bitte in Ruhe und mehrfach durch. Bei Fragen oder erkennbaren Diskrepanzen (Problemen) sprechen Sie offen und ehrlich mit dem Brandschutzbeauftragten und/oder Vorgesetzten oder bringen Sie einen Diskussionspunkt hierzu in die nächste ASA-Sitzung ein. Lesen Sie sie kritisch und erarbeiten Sie Verbesserungsvorschläge.

Und sprechen Sie anschließend mit dem Brandschutzbeauftragten unter vier Augen – er muss verstehen, dass Sie ihn nicht kritisieren wollen, sondern dass Sie sich einbringen – und das sollte er auch anerkennen.

Jeder im Unternehmen muss Teil B der Brandschutzordnung haben, und die gesamte Belegschaft muss ihn kennen.

In Abb. 3.1 ist Teil A der Brandschutzordnung zu sehen. Die DIN 14096 gibt zwar vor, dass Teil A lediglich in einer Sprache verfasst sein soll, doch diese Abweichung (Abb. 3.2) stellt keine Gefahr dar und ist insofern als „unerheblich" und somit als akzeptabel einzustufen.

In Teil A gibt es grundlegend keine Abweichungen (Form, Symbole und Texte sind weitgehend starr vorgegeben), höchstens die nachfolgenden Punkte:

- Wenn man für eine telefonische Amtsleitung eine Null vorwählen muss, dann darf natürlich bei „Brand melden" nicht 112 stehen, sondern 0112.
- Wenn es keine Wandhydranten oder sonstige Gerätschaften zur Brandbekämpfung gibt, dann sollen diese natürlich unter „Löschversuch unternehmen" auch nicht erwähnt oder ausgeschildert sein (vgl. die zweite Zeile in Abb. 3.1, ganz unten).
- Es sind die Fluchtwegpiktogramme und Brandschutzzeichen zu wählen, die im Unternehmen üblich sind und an den Wänden hängen. In Abb. 3.1 und 3.2 finden sich die neuen, aktuellen Piktogramme.

Aufgabe

Lesen Sie Teil A der Brandschutzordnung bitte durch und überlegen Sie sich zu jedem Punkt, warum das so ist und was das im Brandfall an der Stelle A, B oder C für Sie konkret bedeutet. Die Punkte mögen Ihnen trivial vorkommen, sie sind es aber nicht – sie sind elementar wichtig.

Abb. 3.1 Brandschutzordnung Teil A auf Deutsch

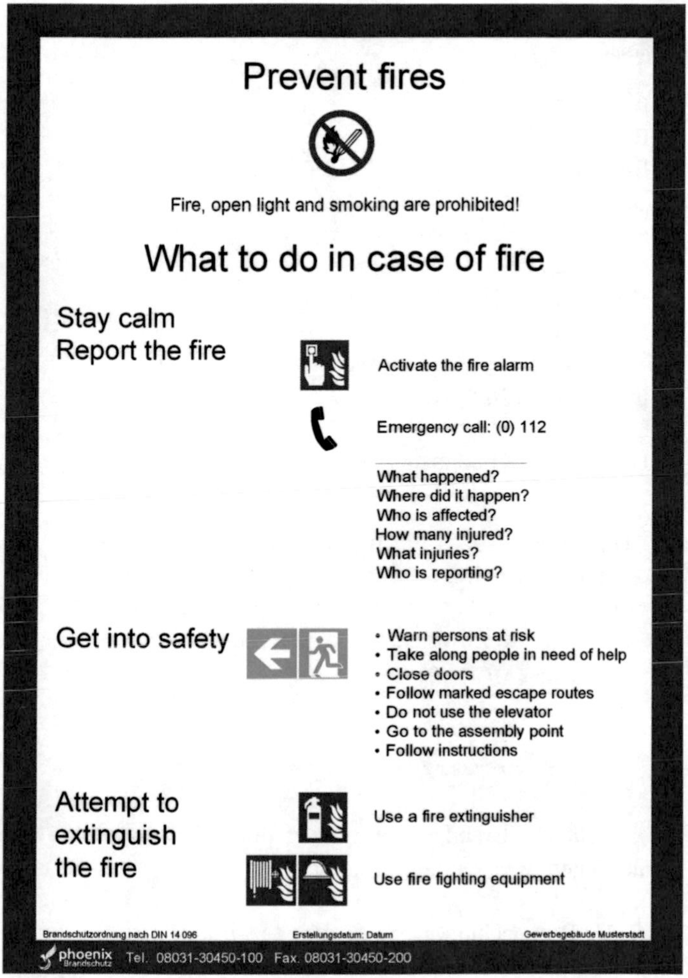

Abb. 3.2 Mehrsprachiger Teil A der Brandschutzordnung

Teil B einer Brandschutzordnung ist nach DIN 14096 wie folgt
gegliedert:

a) Einleitung
b) BSO, Teil A
c) Brandverhütung
d) Brand- und Rauchausbreitung
e) Flucht- und Rettungswege
f) Melde- und Löscheinrichtungen
g) Verhalten im Brandfall
h) Brand melden
i) Alarmsignal/Anweisung beachten
j) In Sicherheit bringen
k) Löschversuche unternehmen
l) Besondere Verhaltensregeln

▶   **Tipp** Man sollte sich grundlegend an diese
    Gliederung halten – wenn nicht, so begründet man
    bitte gut, warum man davon abweicht, und belegt,
    warum diese Abweichung als ebenbürtig oder sogar
    als besser einzustufen ist.

Aufgabe

Lesen Sie die Brandschutzordnung Ihres Unternehmens, verinnerlichen Sie sie und setzen Sie sie um.

Teil C der Brandschutzordnung richtet sich an Personen, denen
in Notsituationen (Brände, Bombendrohung, Gebäuderäumung)
besondere Aufgaben zugewiesen werden – das sind in Ihrem
Unternehmen u. a. die Brandschutzhelfer (also auch Sie ab
jetzt!). Er ist nach DIN 14096 wie folgt gegliedert:

a) Einleitung
b) Brandverhütung
c) Meldung und Alarmierungsablauf

d) Sicherheitsmaßnahmen für Lebewesen und Sachwerte
e) Löschmaßnahmen
f) Vorbereitung für den Einsatz der Feuerwehr
g) Nachsorge
h) Anhang

Als Brandschutzhelfer sind Sie eigentlich prädestiniert, sich auch für Teil C zu interessieren, denn Sie sind ja nicht nur dafür da, Brände zu verhindern, sondern auch, für das richtige Handeln im Brandfall zu sorgen.

Aufgabe

Bitte besorgen Sie sich auch Teil C der Brandschutzordnung, am besten über den Brandschutzbeauftragten, lesen ihn sich einmal durch und überlegen sich z. B. folgende Punkte:

- Entscheidung treffen: andere warnen, Brand löschen, Brand melden oder gleich fliehen
- Wohin soll man fliehen, wenn es brennt (möglichst zwei unterschiedliche Richtungen je Bereich kennen)
- Wo ist der nächste Handfeuerlöscher?
- Welches Löschmittel wäre für den Brand ideal, welches eher nicht?
- Welche sonstigen Maßnahmen müssen ggf. laufen?
- Wer informiert die Feuerwehr, wer ggf. gefährdete Personen?
- Sind Personen irgendwo im Gefahrenbereich, die eventuell noch nichts von dem Brand mitbekommen haben und wenn „ja", wo und wer informiert diese?

In Teil C der Brandschutzordnung stehen Dinge, die für den Brandfall wichtig sind und die man als Brandschutzhelfer kennen muss.

Aufgabe

Überlegen Sie, wo Sie sich aktiv in Teil C einbringen können und welche Punkte bei Ihnen verbesserungswürdig (ergänzen, verkürzen, anders formulieren, streichen) sind.

Brandschutzordnungen sorgen präventiv und kurativ für richtig guten Brandschutz im Unternehmen.

Prävention: Eine regelmäßige brandschutztechnische Gefährdungsbeurteilung würde viele Brände verhüten helfen.

Kuratives Verhalten: Vorab überlegen, was bei einem Brand sofort und am wichtigsten ist, würde viele Menschenleben und Sachwerte schützen.

3.2   Alarmierungswege und Alarmierungsmittel

Der Gesetzgeber fordert in der ASR A2.2 (Maßnahmen gegen Brände), dass jede Person in einem Gebäude über den Ausbruch eines Feuers umgehend gewarnt werden muss, wenn dieses Feuer diese Person gefährdet. Das bedeutet beispielsweise, dass man bei einem kleinen Brand in der 17. Etage eines gesprinklerten Hochhauses zunächst nicht unbedingt Menschen in der achten Etage warnen oder gar das gesamte Haus räumen muss – durch die ggf. panikartige Räumung kann es zu mehr Verletzungen kommen als durch das Feuer!

▶   **Tipp** Bei Gebäuderäumungen kann es zu Diebstählen am Eigentum (Schlüssel, Karten, Geld) der Belegschaft kommen. Deshalb sollte man diese

Sachen bei sich tragen oder eben bei einer Räumung
(wenn es nicht zu viel Zeit kostet) mitnehmen (Hand-
tasche, Jacke).

Aber wie alarmiert man nun effektiv, und welche Methode ist
„richtig"? Das ist relativ, denn in einer Halle mag das Zurufen
von Person zu Person noch effektiv sein, in einem Hotel eher
nicht – da wäre eine Information aller über die Telefonanlage in
den Zimmern und über Lautsprecher in den großen Aufenthalts-
bereichen und der Tiefgarage wohl effektiver. Der Gesetzgeber
sieht deshalb unterschiedliche Methoden vor, einen Brandalarm
weiterzugeben, und mindestens eine davon muss es bei Ihnen auch
geben – es sei denn, es gibt einen direkten Ausgang ins Freie.

- Hupe
- Sirene
- Megafon
- Telefonanlage
- Blitzleuchte
- Sprachalarmierungsanlage
- Personenbezogene Warneinrichtung
- Elektroakustische Notfallwarnsysteme
- Optische Alarmierungsmittel
- Hausalarmanlage
- Handsirene
- Zuruf von Personen

In einem kleinen Büro wird das Rufen oder das von-Zimmer-zu-
Zimmer-Gehen wohl als ausreichend angesehen werden. Wann
ein kleines Büro zu einem größeren geworden ist, kann hier
nicht pauschal gesagt werden. Sollte ein Großraumbüro vorn und
hinten eine Anbindung an einen Treppenraum haben, so ist hier
wohl keine Technik nötig, weil sich jeder im Brandfall rechtzeitig in die eine oder andere Richtung in Sicherheit bringen
kann. Sie sehen, es ist unmöglich, pauschal Vorgaben zu machen
– die Lösung besteht in einer individuellen Berücksichtigung der
örtlichen, betrieblichen, persönlichen, verfahrenstechnischen und
architektonischen Gegebenheiten.

Offene Fenster und Entrauchungsöffnungen wirken – entgegen der landläufigen Meinung einiger Unwissender – in einem brennenden Raum nicht brandvergrößernd. Im Gegenteil: Sie halten Brände klein, reduzieren die Temperaturen und machen einen effektiven Löscheinsatz leichter möglich.

Aufgabe

Überlegen Sie sich für verschiedene Stellen im Unternehmen, welche Art der Alarmierung dort sinnvoll wäre.

Die ASR A2.2 bietet deutlich mehr, als ich Ihnen bisher vermittelt habe. In Kap. 8 haben wir diesen Teil der ASR kommentiert abgedruckt. Dort finden Sie wichtige Dinge und auch einiges, was man ggf. zu Hause, im Restaurant, Hotel oder einem Supermarkt anwenden kann. Sicherlich haben Sie schon einen Rauchmelder zu Hause, aber vielleicht wollen Sie sich ja auch einen guten Handfeuerlöscher anschaffen oder eine gute Löschspraydose? Falsch ist beides nicht …

Im Brandfall wird immer und ohne Verzögerung die Feuerwehr gerufen – auch wenn wir das Feuer selbst löschen können. Dieser Einsatz wird dem Unternehmen von der Feuerwehr nicht in Rechnung gestellt, und ggf. muss doch noch nachgelöscht werden.

3.3   Betriebsspezifische Brandschutzeinrichtungen

Brandschutztechnik kann und soll nicht – wie ein Beamer, ein Kopierer, eine Produktionsanlage oder ein Fahrzeug – Mittel zum Zweck, effektiv oder wirtschaftlich sinnvoll sein. Nein, Brandschutztechnik soll es möglich machen, dass wir diese Dinge weiterhin benutzen und arbeiten, leben können. Man schafft sich also derartige sicherheitstechnische Einrichtungen an, weil man zum einen den Sinn verstanden hat, oder weil man zum anderen vom Gesetzgeber, von der Berufsgenossenschaft oder der Feuerversicherung dazu gezwungen wird. Im Idealfall hat man über Jahrzehnte Handfeuerlöscher oder Rauchmelder, lässt diese auch regelmäßig warten – und braucht sie nie! Wer indes so über Beamer oder Fahrzeuge spricht, wirkt wenig intelligent.

> Sicherheitstechnische Einrichtungen brauchen sich nicht wirtschaftlich zu rentieren.

Wir als Brandschutzhelfer müssen wissen, welche Brandschutztechnik vorhanden ist, wie diese funktioniert (also auf welche physikalischen Kenngrößen die Sensoren ansprechen) und welche Störgrößen produktionsbedingt auftreten können.

Aufgabe

Gehen Sie durch Ihr Unternehmen und nehmen Sie die gesamte Brandschutztechnik (Technik, nichts Bauliches oder Organisatorisches), die vorhanden ist, wahr. Machen Sie sich Gedanken darüber, ob sie Sinn machen und ob Ihnen Verbesserungsmaßnahmen einfallen.

Bei der Brandmeldetechnik kann es sein, dass die Sensoren auf Lichttrübung, auf Wärme oder auf Rauchpartikelchen reagieren. Man erkennt sehr schnell, dass Staub, Wasserdampf und produktionsbedingt entstandene Wärme zu Fehlauslösungen führen können (können, nicht unbedingt auch müssen!), und das gilt es zu verhindern – denn vergebens gefahrene Einsätze der Feuerwehr sind teuer und binden Rettungskräfte, die vielleicht gerade anderswo dringend gebraucht werden. Zudem sind ca. 95 % der Feuerwehrleute in Deutschland bei der Freiwilligen Feuerwehr. Es ist rücksichtslos und unsozial, diese ehrenamtlichen Helfer während ihrer Freizeit, ihres Schlafes oder ihrer Arbeit unnötig zu rufen.

Hat Ihr Unternehmen eine Brandlöschanlage, dann wird diese wohl mit Wasser oder einem Löschgas betrieben; Wasserlöschanlagen reagieren auf Hitze an der Decke, meist reichen ca. 70 °C über etwa 1–2 min aus, um sie auszulösen. Gaslöschanlagen reagieren meist auf Rauch, und das Löschgas verdrängt den zum Leben nötigen Sauerstoff – es wird also lebensgefährlich für uns Menschen! Übrigens ist dieses Löschgas (meist Kohlendioxid) um ca. 50 % schwerer als Luft und verteilt sich zügig in tiefer liegende Bereiche. Riskieren Sie also bitte nicht Ihr Leben (indem Sie in den tiefer gelegenen Keller gehen) und informieren Sie über diese Gefahr nicht kennende oder ignorierende Personen eindringlich im Auslösefall! Zuvor muss von der Feuerwehr geprüft werden, ob die Sauerstoff- und die Kohlendioxidkonzentration (beide Messungen sind wichtig, nicht nur das eine oder nur das andere messen!) korrekt sind; nach einem Brand sollte ggf. auch die Kohlenmonoxidkonzentration (die sollte aber entfernt sein, da dieses Gas etwas leichter ist als Luft) gemessen werden.

Entrauchungsanlagen haben die wichtige Aufgabe, im Brandfall den tödlichen Rauch möglichst zügig und effektiv ins Freie zu bringen. Werden sie nach einem längeren Vollbrand aktiviert, kann man dadurch Explosionen auslösen – doch das darf uns nicht davor bewahren, sie eben rechtzeitig auszulösen. Noch in den 1990er Jahren gab es vereinzelt „verirrte Fachleute", die vorgegeben haben, dass Entrauchungsanlagen lediglich durch die Feuerwehr auszulösen seien. Das ist Unsinn! Entrauchungsanlagen müssen im Brandfall so früh wie möglich ausgelöst werden; dann sind sie effektiv und können Großbrände, aber auch die eben erwähnten Explosionen verhindern – das ist wissenschaftlich seit 1998 belegt und mit Versuchen im belgischen Gent untermauert. Natürlich muss man bei einem Papierkorbbrand in der großen Halle nicht gleich die Entrauchungsanlage auslösen, aber bei einem größer gewordenen Brand tut man der gerufenen Feuerwehr einen Gefallen, wenn man sich traut, vor deren Eintreffen die Entrauchungsanlage auszulösen. Wer, wenn nicht wir Brandschutzhelfer? In Arbeitsräumen gibt es keine Entrauchungsanlagen – da sind die öffenbaren Fenster die Entrauchung. Es macht Sinn, sich vorab die

Technik und die auslösende Mechanik anzusehen, denn es gibt
zerstörend öffnende und nicht zerstörend öffnende Systeme. Die
zerstörend wirkenden sollen natürlich besonders überlegt auf-
gefahren werden, weil es viel Geld kosten wird, die Öffnungen
wieder zu schließen, und es beispielsweise problematisch sein
kann, am späten Freitagnachmittag oder bei Regen gute Handwerker zu bekommen.

> Offene Fenster und Entrauchungsöffnungen wirken – ent-
> gegen der landläufigen Meinung einiger Unwissender –
> nicht brandvergrößernd, sondern im Gegenteil: Sie halten
> Brände klein, reduzieren die Temperaturen und machen
> einen effektiven Löscheinsatz leichter möglich.

Baulich zählen feuerbeständige Wände und Brandschutztüren zu
den brandschutztechnisch effektiven Einrichtungen. Hier gibt es
in fast allen Unternehmen zwei Hauptprobleme:

1. Es werden Leitungen durch diese Wände geführt und die
   Öffnungen anschließend nicht mehr korrekt verschlossen.
2. Brandschutztüren (die entweder permanent oder im Brandfall automatisch schließen müssen) sind aufgekeilt und somit
   uneffektiv.

In beiden Fällen gibt es nach einem Brand – freundlich aus-
gedrückt – juristische Probleme.

> Aufgekeilte Brand- und Rauchschutztüren sind ein
> krimineller Verstoß gegen § 145 des Strafgesetzbuchs und
> dürfen nicht vorkommen.

Zu den abwehrenden technischen Brandschutzeinrichtungen
zählen Handfeuerlöscher, fahrbare Löscher und Wandhydranten.
Wir müssen nicht nur wissen, wo diese sind, sondern auch, wie

sie funktionieren, wie man sie aktiviert und mit welchem Löschmittel man welche Art von Feuer am effektivsten bekämpft.
Dazu zählt auch, dass man den richtigen Abstand zum Feuer
einnimmt, und deshalb ist eine praktische Löschübung auch für
Brandschutzhelfer vorgeschrieben. Darauf gehen wir in Kap. 6
und 7 noch genauer ein.

Aufgabe

Gehen Sie durch Ihr Unternehmen mit der Brille (gemeint
ist: dem Blickwinkel) des Brandschützers. Suchen Sie jetzt
bewusst nach brandschutzrelevanten Dingen baulicher und
organisatorischer Art (z. B. Fluchtwegschilder, Handfeuermelder,
Rauchmelder, Alarmsirenen, Handfeuerlöscher, Brandschutztüren, erster und zweiter Fluchtweg, Kabelschotts, Sprinkleranlagen, Gaslöschanlagen). Ich bin mir sicher, Sie sehen vieles,
was Ihnen zuvor unbekannt war. So geht es übrigens 99 %
Ihrer Kollegen auch! Schreiben Sie die Dinge auf und überlegen Sie, wo es Mängel, Ungleichheiten und Verbesserungsvorschläge gibt.

3.4   Sicherstellung des eigenen Fluchtwegs

Die Baugesetzgebung beschäftigt sich zu einem großen Teil
mit baulichem Brandschutz, etwas mit dem anlagentechnischen
Brandschutz und teilweise sogar auch mit dem organisatorischen
und natürlich mit dem abwehrenden Brandschutz. Darin ist u. a.
gefordert, dass es für Bereiche, in denen wir uns nicht nur mal
kurz aufhalten, immer zwei voneinander unabhängige Fluchtwege geben muss. Somit ist es erlaubt, eine Toilette, einen
Umkleideraum, einen Technikraum und ein Lager (in das man
nur gelegentlich und dann kurz geht) im Dachstuhl oder im
Keller unterzubringen – wo es eben nur einen einzigen Fluchtweg gibt. Sobald sich aber Menschen länger und regelmäßig
in einem Bereich aufhalten, muss es einen weiteren Fluchtweg geben. Der zweite Fluchtweg kann ein für die Feuerwehr

anleiterbares Fenster sein, eine außen am Gebäude montierte Leiter oder auch ein zweiter Treppenraum – im Idealfall ein direkter Ausgang (ggf. alarmüberwacht) aus dem Raum.

Aufgabe

Überlegen Sie sich überall, wo Sie sind, wo der erste und wo der zweite Fluchtweg liegen.

Aufgabe

In Tab. 3.1 finden Sie Bereiche, in denen es einen zweiten Fluchtweg geben muss. Dieser kann baulich gefordert sein, oder es reicht aus, wenn man ein für die Feuerwehr erreichbares Fenster hat. Überlegen Sie sich weitere drei Bereiche und füllen Sie die Tabelle selbstständig weiter aus.

Tab. 3.1 Erforderliche Fluchtwege

Bereich	Nur ein Fluchtweg nötig	Zweiter Fluchtweg: Leiter	Zweiter Fluchtweg: baulich gegeben
Toilette	X		
Umkleide	X		
Speiseraum		X	Ggf. schon
Wohnung		X	
Arbeitsplatz		Ggf. ja	Ggf. ja
Meisterbude	X	Ggf. ja	Aus Halle nötig
Lager (mit Arbeitsplatz)		X	Ggf. nötig
Lager (ohne Arbeitsplatz)	X		
Restaurant			X
Verkaufshalle			X
Sportstadion			X

Das ist übrigens eine der zentralen, elementar wichtigen Brandschutzforderungen: zwei Fluchtwege – die voneinander unabhängig sind, d. h., wenn Fluchtweg A aufgrund des Brands nicht mehr begehbar ist, muss Fluchtweg B noch funktionieren. Im Brandfall kann es sein, dass der Hauptfluchtweg nicht mehr sicher oder überhaupt nicht mehr begehbar ist. Deshalb muss man sich schon vorab überlegen, wo der zweite Fluchtweg verläuft. Immer dort, wo viele Menschen sind (z. B. Kantine, Großraumbüro, Geschäft, Lokal, Produktionshalle), muss der zweite Fluchtweg baulich gegeben sein und möglichst entgegengesetzt zum ersten geführt werden. Die „Schallgrenze" ist nicht exakt vorgegeben, aber bei ungefähr zehn Personen je Nutzungseinheit liegt das Machbare für die Feuerwehr je Drehleiter. Das bedeutet, dass bei 15 Personen nicht zwingend ein zweiter baulicher Fluchtweg vorhanden sein muss, aber die Bauordnung fordert das z. B. zwingend ab 100 Personen (Anmerkung: das ist eine sehr hohe Zahl!), denn in den Feuerwehrschulen Deutschlands wird eben die Zahl 10 vermittelt.

Damit Fluchtwege auch sicher sind und im Brandfall begehbar sind, müssen sie freigehalten werden, und das bedeutet, dass man in Flure keine Brandlasten und Zündquellen (z. B. Kopierer, Schuhputzgeräte, Getränkeautomaten, Regale ...) einbringt.

> Treppenräume und Flure sind frei zu halten! Nicht nur vor Brandlasten und Zündquellen, sondern auch vor Einengungen und Stolperstellen.

3.5 Sicherheitskennzeichnung nach ASR A1.3

Sicherheitskennzeichnungen sind immer dann gefordert, wenn es keine andere Möglichkeit gibt, auf Gefahren oder Verhalten hinzuweisen, bzw. diese nicht vermeidbar sind. Es gibt sechs Arten der Sicherheitskennzeichnung:

1. Verbotszeichen
2. Warnzeichen
3. Gebotszeichen
4. Rettungszeichen
5. Brandschutzzeichen
6. Gefahrenzeichen für Stoffe in Transportfahrzeugen

Wo welche anzubringen sind, das ist Aufgabe der Sicherheits-
fachleute aus den Bereichen Arbeitsschutz und Brandschutz. Wir
sähen es natürlich gern, wenn Sie sich dieser Schilder bewusst
sind und deren Sinn auch verstanden haben. Sollten Sie zu dem
Schluss kommen, dass das eine oder andere Schild unsinnig
oder kontraproduktiv oder dass sogar ein Hinweisschild zu wenig
vorhanden ist, dann bitten wir Sie, Ihre Sicherheitsfachkraft oder
Ihren Brandschutzbeauftragten zu konsultieren. In Abb. 3.3 finden
Sie je zwei Beispiele zu den sechs Bereichen.

Es ist immer eine Kunst, die richtigen Schilder qualitativ und
quantitativ anzubringen, denn eine Anhäufung (vgl. Straßenverkehr)

Bezeichnung	Verbotszeichen	Warnzeichen	Gebotszeichen	Rettungszeichen	Brandschutzzeichen	Gefahrstoffe
Ausführung	Rund, roter Rand und Strich, schwarzweiß	Dreieckig, gelbschwarz	Rund, blauweiß	Rechteckig oder quadratisch, grünweiß	Quadratisch, rotweiß	Quadratisch, auf der Spitze stehend, roter Rand, schwarzweiß
Sinn	Konkrete Dinge aufzeigen, die in diesem Bereich verboten sind	Vor einer konkreten Gefahr warnen, ohne zu sagen, wie man die Gefahr vermeidet	Dinge aufzeigen, mit denen man hier seinen Körper schützen muss (PSA)	Fluchtwege, Ausgänge oder Sammelplätze anzeigen (so nicht eindeutig auffindbar)	Hinweis auf Brandschutztechnik (Wandhydrant, Feuerlöscher, Handfeuermelder)	Hinweis, welche Gefahrstoffe sich bzw. in dem Fahrzeug in den Behältern befinden

Abb. 3.3 Jedes dieser Zeichen, jedes unterschiedliche Schild hat seine
Berechtigung und seinen Sinn. Gebotszeichen sind übrigens freundlich aus-
gedrückte Verbotszeichen

ist kontraproduktiv. Dazu geben wir Ihnen drei Handlungsanweisungen mit auf den Weg:

Verbotszeichen verbieten ein bestimmtes Verhalten, Gebotszeichen fordern ein bestimmtes Verhalten.

Gefahrstoffzeichen und Warnzeichen erfordern es, darüber nachzudenken, was richtig und was falsch ist.

Rettungs- und Brandschutzzeichen sind für Notsituationen, aber man soll sie sich vorab ansehen!

Aufgabe

Versuchen Sie herauszufinden (Kollegen fragen, Internet), welcher Unterschied zwischen den beiden roten, auf der Spitze stehenden, rechteckigen Schildern (Abb. 3.3, rechte Spalte) besteht. Und bitte bringen Sie sich selbst bei, warum es hierzu zwei verschiedene Ausschilderungen gibt. Ein kleiner Hinweis: Es besteht ein himmelweiter Unterschied in der wissenschaftlichen Betrachtung, ob ein Stoff brennbar oder brandfördernd ist – in der Praxis sind beide Stoffe hochgefährlich und schnell tödlich!

Ernst nehmen müssen wir alle diese Schilder und auch Hinweise – wenn wir ein Symbol nicht kennen, müssen wir fragen, was es bedeutet. Verbotszeichen zeigen, was verboten ist. Warnzeichen warnen vor einer Gefahr, und man muss sich nun selbst überlegen, wie man sich verhält, damit diese Gefahr nicht real wird. Gebotszeichen sind übrigens freundlich formulierte Verbotszeichen – sie drücken also keinen unverbindlichen Konjunktiv aus, wie viele meinen! Man kann im Straßenverkehr durch ein Verbotszeichen ausdrücken, dass links abbiegen verboten ist. Oder man drückt es durch ein Gebotszeichen (weißer Pfeil nach oben und rechts) aus. Beides besagt das Gleiche, aber das blauweiße Schild wirkt freundlicher als das rotweiße, ist aber genauso verbindlich. Rettungszeichen zeigen, wo die Wege verlaufen, durch die man sich in Sicherheit bringen kann. Und schließlich zeigen die Brandschutzzeichen, wo sich Wandhydrant, Handfeuermelder oder tragbare und fahrbare Löschgeräte befinden. Die Gefahrstoffzeichen sind dem GHS-System entnommen (GHS steht für Global Harmonisiertes System – ein gelungener Versuch, möglichst europa- und weltweit dieselben einheitlichen Symbole zur Kennzeichnung von zu transportierenden Gefahrstoffen zu finden).

Aufgabe

Suchen Sie die ASR A1.3 im Internet und schauen Sie, ob Sie weitere interessante Punkte darin finden. Und glauben Sie mir, es ist gar nicht so falsch zu lesen, was sich intelligente Menschen überlegt haben, um unser Leben zu retten – das sollte uns doch interessieren, oder?

Das war es auch schon mit dem zweiten Teil, d. h., ca. 40 % des nötigen theoretischen Fachwissens haben Sie bereits erworben. Machen Sie eine Pause, oder, falls Sie noch fit, lesen Sie am besten gleich weiter!

Funktion/Wirkung von Feuerlöscheinrichtungen

4

Es gibt unterschiedliche Arten von Feuerlöscheinrichtungen, und zu viele Personen setzen sich damit erst dann auseinander, wenn sie benötigt werden – ein häufig fataler Fehler: nicht nur, dass man im Brandfall aufgeregt ist und fehlerhafte Entscheidungen trifft, sondern auch, dass man ggf. unfähig ist, in diesem Moment Gebrauchsanleitungen von Handfeuerlöschern zu lesen. Zudem verwechseln viele Menschen im Brandfall die Prioritäten und ziehen unwichtigere Schritte den lebenswichtigen vor.

Wir Brandschutzhelfer sind da – bitte – anders, und deshalb lesen Sie bitte diesen wichtigen dritten Teil der Ausbildung zum Brandschutzhelfer. Natürlich ist unser Bestreben, durch Prävention es nie zu einem Brand kommen zu lassen. Aber wie bereits erwähnt, sind 100 % Sicherheit eine Illusion, die wir nie und nirgends erreichen können. Aus diesem Grund müssen wir uns alle auch mit dem abwehrenden Brandschutz auseinandersetzen.

> Handfeuerlöscher schnell und richtig angewandt könnte Milliarden Euro retten. Jährlich!

4.1   Brandklassen A, B, C, D und F

So wie es für unterschiedliche Situationen völlig unterschiedliche Beförderungsmittel (z. B. Hubschrauber, Ballon, Flug-
zeug, PKW, Rad, LKW, Wohnmobil, Motorrad, Eisenbahn,
Schiff) gibt, gibt es für unterschiedliche Brände (Feststoffe,
Flüssigkeiten, Stromanlagen, Gase, Metalle, Speisefette) auch
unterschiedliche Löschmittel (Wasser, Kohlendioxid, Schaum,
Pulver, Fettbrandlöschmittel) und Löschmethoden (z. B. Feuerlöscher, Wandhydrant, fahrbarer Löscher, Feuerwehrschlauch,
Abdecken). Es gibt also nicht *das* Löschmittel, das überall und
bei jedem Brand immer optimal richtig ist – die Einstufung
„richtig" ist relativ, d. h., je nachdem was brennt, ist Löschmittel
X richtig, nicht optimal oder gar gefährlich. Es gibt also nicht
das richtige Beförderungsmittel, *das* richtige Getränk oder *das*
richtige Lebensmittel – und so gibt es eben nicht *das* richtige
Löschmittel.

> Pulverlöscher wurden noch vor 20 Jahren als Allheil-
> mittel favorisiert. Da die korrosiven Nebenwirkungen
> aber extrem sind, wird es heute nur noch in Ausnahme-
> situationen eingesetzt.

Wir Brandschutzhelfer müssen wissen, dass es die Brandklassen
A (Feststoffe), B (Flüssigkeiten), C (Gase), D (Metalle) und
F (Speisefette) gibt. Bei A handelt es sich um brennbare Feststoffe, bei B um brennbare Flüssigkeiten und flüssig werdende
Stoffe, bei C handelt es sich um brennbare Gase und bei D um
brennbare Metalle – denn all diese physikalisch unterschiedlichen Stoffe gibt es ja auch nichtbrennbar (je ein Beispiel: A –
Steine, B – Wasser, C – Kohlendioxid, D – Eisenblock). Tab. 4.1
zeigt nochmals alle Brandklassen mit Beispielen auf.

Tab. 4.1 Brandklassen mit Beispielen

Brandklasse	Stoffart	Beispiele
A	Feste Stoffe	Holz Kleidung Papier
B	Flüssige und flüssig werdende Stoffe	Benzin Spiritus Thermoplastische Kunststoffe
C	Gasförmige Stoffe	Methan Acetylen Propan/Butan
D	Metalle	Lithium (Batterie) Magnesium Aluminium
E*	Strom, Elektroanlagen	Elektrische Geräte Elektronische Geräte Stromleitungen
F	Küchenöle, Speisefette	Frittierfett Salatöl Pfannenfette und -öle

*Die Brandklasse E wurde vor vielen Jahren abgeschafft, zum einen weil Strom ja nicht brennen kann (Strom kann höchstens die Brandursache sein) und zum anderen weil alle Löschmittel in Handfeuerlöschern bis 1000 V (Anmerkung: Das ist sehr viel!) bei korrektem Verhalten nicht gefährdend für den Anwender sein dürfen. Das wird übrigens mit 20.000 V getestet, d. h., mit jedem Handfeuerlöscher kann man auf 230 V, auf 400 V und sogar auch auf 1000 V „losgehen", ohne sich – korrektes Verhalten vorausgesetzt – in Gefahr zu bringen. Das muss man wissen, um problemlos einen Schaltschrank mit einem Wasserlöscher zu löschen, auch wenn es funkt, zischt und die Sicherungen fliegen

Aufgabe

Überlegen Sie sich weitere Beispiele zu vier der fünf Brandklassen. (Bei Speisefetten wird wohl nichts Neues mehr hinzukommen können …?)

Brandklasse	A	B	C	D	F
Stoffart	Feststoffe	Flüssigkeiten und flüssig werdende Stoffe	Gase	Metalle	Speisefette
Symbol	 A	 B	 C	 D	 F

Abb. 4.1 Symbole für die Brandklassen

Die Symbole für die Brandklassen (Abb. 4.1) müssen immer auf den Handfeuerlöschern angegeben werden.

Die nicht unerheblichen Unterschiede zwischen den B-Flüssigkeiten und den F-Flüssigkeiten liegt darin (das ist auch der Grund, warum man richtigerweise die Brandklasse F eingeführt hat), dass die B-Stoffe bei Raumtemperatur bereits gefährlich sind, wohingegen die F-Stoffe erst dann gefährlich werden, wenn sie sehr hohe (Betriebs-)Temperaturen von weit über 100 °C haben (Tab. 4.2).

Bei Handfeuerlöschern mit Wasser ist immer lediglich ein A abgedruckt, bei Schaumlöschern A und B, bei ABC-Pulver-löschern A, B und C, bei Metallbrandlöschern ein D und bei modernen Fettbrandlöschern meistens A, B und immer ein F; doch wer hat im Brandfall schon die Zeit und die Ruhe, das alles durchzulesen? Auf älteren Handfeuerlöschern für Küchenbrände steht „Kann für Speisefettbrände verwendet werden", einfach nur ein F oder „Hat die Zulassung für Küchenfette und -öle"; somit kann man als informierte Person allein an der Bezifferung erkennen, welches Löschmittel in dem Feuerlöscher enthalten ist – es muss übrigens auch explizit (also ausgeschrieben, als Text) genannt werden.

Aufgabe

Sehen Sie sich alle Handfeuerlöscher in Ihrem Unternehmen respektive in Ihrem Bereich an und analysieren Sie:

Tab. 4.2 Unterschiede der Gefährlichkeit von B- und F-Flüssigkeiten

Situation	B	F
Verhalten bei Raumtemperatur	Brennbar, ggf. explosiv	Harmlos, meist nicht flüssig, ggf. in festem Zustand
Verhalten bei 150 °C und darüber	Selbstentzündlich	Selbstentzündlich
Flüssigkeit brennt, und man gibt Wasser dazu	Benzin (nicht wasserlöslich, leichter als Wasser) wird aufgeschwemmt und die brennende Oberfläche vergrößert; das Wasser löscht nicht. Bei Alkohol und Spiritus (wasserlöslich) wird das Feuer geringer und geht aus	Gefahr einer tödlichen Explosion, wobei die Todesgefahr weniger vom Feuer ausgeht, denn auch ohne Entflammung des Fetts besteht Lebensgefahr, weil das Wasser das heiße Fett großvolumig herausschleudert
Optimales Löschmittel	AB-Schaum	F-Löschmittel
Ungeeignetes Löschmittel	Kohlendioxid	Kohlendioxid
Ggf. tödliches Löschmittel	–	Wasser

- Richtiges/falsches Löschmittel für die vorhandenen Brandklassen?
- Anbringungsort o.k. oder verbesserungswürdig?
- Beschilderung o.k.?

4.2 Wirkungsweise und Eignung von Löschmitteln

Wenn man das falsche Löschmittel auf den falschen Brennstoff bringt, passiert im besten Fall nichts, und im schlimmsten Fall stirbt man durch das Löschmittel in Verbindung mit der Hitze des Feuers. Man muss sich also damit beschäftigen, welche Löschmittel richtig und welche falsch sind. Ungefähr alle zwei Wochen hält jemand in Deutschland eine brennende Pfanne unter den laufenden Wasserhahn: Im harmlosesten Fall muss man die Küche putzen, im schlimmeren Fall hat sich der Betreffende für immer (im Gesicht) entstellt, und im schlimmsten Fall ist die Person durch den extrem heißen Wasserdampf und das dadurch herumgespritzte Fett (das ggf. jetzt explosionsartig brennt) getötet. Tab. 4.3 verdeutlicht, welches Löschmittel in Handfeuerlöschern welche Eigenschaften hat.

▶   **Tipp** Lassen Sie Tab. 4.3 auf sich einwirken. Versuchen Sie, sie zu verinnerlichen und sie so gut zu verstehen, dass Sie dieses Fachwissen ständig präsent haben. Also nicht auswendig lernen, sondern begreifen, verstehen – und im Brandfall dieses Wissen souverän und richtig anwenden.

Deutlich mehr muss man über Löschmittel nicht wissen – aber das ist schon eine ganze Menge. Viele Menschen meinen, dass Wasser immer und überall effektiv löschen kann; andere meinen, dass Pulver dies vermag – und erleben dann häufig, welchen unverhältnismäßig großen Schaden dieses korrosive Pulver anrichten kann. (Versicherungen können sich aufgrund der fehlenden Verhältnismäßigkeit der Mittel dann erfolgreich weigern, die Schäden zu zahlen.)

Tab. 4.3 Eigenschaften von diversen Löschmitteln

Löschmittel	Besonders gut geeignet	Uneffektiv	Lebensgefährlich
Wasser	A	C	D, F
ABC-Pulver	C	E	D
Schaum	B	C	D
CO_2	Elektrogeräte	A, F	D
D-Pulver	D	A, B, C, F	–
Glaskügelchen, PyroBubbles	Li-Batterien	B, C	–
F-Löschmittel	F	C	D

Besonders hervorzuheben sind folgende falsche Einsätze von Löschmitteln bei entsprechenden Bränden:

- Wasser in Speisefett: Explosion des Fetts
- Wasser auf Metall: Explosion des Wassers
- CO_2 auf Lithiumbatterie: Keine Reaktion

▶ **Anmerkung** Wer Wasser in heiße Fette eingibt, wird sich damit wahrscheinlich töten. Wer Wasser auf brennende Metalle gibt, tötet sich mit fast 100 %. Warum man stirbt, sollte egal sein (aber der Brandschutzhelfer muss den Unterschied in der Gefahr wissen) – es geht darum, eben nicht zu sterben, wenn man löschen will!

4.3 Geeignete Feuerlöscheinrichtungen

So wie es unterschiedliche Brände und Löschmittel in Handfeuerlöschern gibt, so gibt es auch – je nach Brandart und Fortschreiten der Brandentwicklung – unterschiedliche Löscheinrichtungen. Tab. 4.4 zeigt, welche Methode wann als gut und wann als begrenzt gut einzustufen ist.

Wir dürfen nie vergessen, dass Löschgase den Sauerstoffgehalt auf ein Niveau senken, das entweder sicher tödlich (bei Kohlendioxid) oder eventuell gesundheitsgefährlich (bei Argon, Stickstoff) ist. Da Personenschutz immer wichtiger als Sachwerteschutz ist, sollte man möglichst große Löschanlagen nicht mit Kohlendioxid betreiben und, wenn sie ausgelöst haben, die Bereiche nur nach Freigabe durch die Profis der Feuerwehr erneut betreten.

1 kg flüssiges Kohlendioxid erzeugt ca. 509 l CO_2-Gas, und das verdrängt auf ca. 5,5 m^2 den fürs Überlegen nötigen Sauerstoff!

Tab. 4.4 Löscheinrichtungen und ihre Einsatzmöglichkeiten

Art	Einsatzmöglich-keit	Einsatzgrenze	Ggf. tödlich
Handfeuer-löscher	Kleiner Ent-stehungsbrand	Große Hitze, viel Rauch	Falsche Wahl des Löschmittels
Fahrbarer Löscher	Größer gewordener Brand	Großbrand	Falsche Wahl des Löschmittels
Wandhydrant	Gefährlicher, großer Brand	Starke Ver-rauchung	Bei D- und F-Bränden
Sprinkleranlage	100 % Schutz jederzeit	Zu viele Brand-lasten	Bei D- und F-Bränden
Gaslöschanlage	100 % Schutz jederzeit	Personen-gefährdung	Bei nicht rechtzeitigem Verlassen des Bereichs
Löschdecke**	Papierkorbbrand	Personen-gefährdung	Beim Einsatz bei Personen-bränden*
O_2-Reduzierung	Menschenleerer EDV-Raum	Undichte Räume	Bei nicht rechtzeitigem Verlassen des Bereichs
Löschspraydose	A, B, F	Größerer Brand	Metallbrand

*Brennende Personen löscht man mit einem Handfeuerlöscher (Abschn. 4.5)
**Löschdecken in Küchen für Fettbrände und für Personenbrände sind seit dem Jahr 2000 als veraltet eingestuft (nicht mehr Stand der Technik – das darf heute nicht mehr sein!). Es gibt bessere, sichere Löschmethoden (Handfeuerlöscher)

Daraus wird ersichtlich, wie und wo die beiden käuflich erwerbbaren CO_2-Löscher (eben mit 2 oder 5 kg Löschgas) gefährlich werden können. Dass eine Löschanlage mit vielen Hundert oder sogar einigen Tausend Kilogramm Löschgas ganze Bereiche tödlich fluten können, ist jetzt wohl klar – und auch, wie man sich verhält, wenn diese Anlagen auslösen sollten (insbesondere Menschen warnen, die sich weiter unten aufhalten).

Ein 2-kg-Löscher kann einen Raum mit 11 m^2 und ein 5-kg-Löscher einen Raum mit ca. 27,5 m^2 zur tödlichen Falle machen!

Welche Feuerlöscheinrichtungen als geeignet einzustufen sind, diese Beurteilungen treffen die Gebäudeerrichter, die Brandschutzfachplaner, die Brandschutzbeauftragten, die Vertreter von Behörden oder Feuerversicherungen oder die der Berufsgenossenschaften – das ist nicht die Aufgabe der Brandschutzhelfer. Dennoch müssen wir solche Hintergrundinformationen haben und verstehen. Dann können wir auch, z. B. in ASA-Sitzungen, qualifiziert und auf Augenhöhe mitsprechen. Und wenn uns diesbezüglich ein Fehler im Unternehmen auffällt, dann können wir darauf hinweisen!

Aufgabe

Überlegen Sie, welche Löschtechnik Sie für zu Hause – und warum – anschaffen werden bzw. empfehlen würden. Und überlegen Sie bitte auch, ab welcher Brandgröße Sie nicht mehr löschen, sondern fliehen würden.

Die bei Schwelbränden entstehenden Rauchgase stellen in Kombination mit falschem Verhalten – da man sich ja, so lange es keine Flammen gibt, vermeintlich sicher fühlt – eine große Gefahr dar. Es kann das Hundertfache und mehr an tödlichen Rauchgasen als bei Vollbränden entstehen. Wenn Schwelbrände stattfinden und wenn die gleichen Stoffe dann brennen, ist die Hitze die Hauptgefahr, weil kaum noch Rauch entsteht.

Bei einem Vollbrand ist meist die Temperatur das Gefährliche und Tödliche!

4.4 Aufbau und Funktion von Feuerlöscheinrichtungen

Da wir Brandschutzhelfer im Unternehmen immer mit Handfeuerlöschern und manchmal auch mit fahrbaren Löschern sowie Wandhydranten zu tun haben, müssen wir über diese Einrichtungen auch Informationen haben, und die liefert dieser Abschnitt.

Sprechen wir zunächst über Handfeuerlöscher. Da gibt es die preiswerteren und oft auch minderwertigeren Dauerdruck-Handfeuerlöscher und die exklusiveren und oft auch zuverlässigeren Auflade-Handfeuerlöscher. Dauerdrucklöscher haben ca. das Siebenfache an Druck eines PKW-Reifens, und zwar ständig. Bei diesen muss man zunächst lediglich einen blockierenden Stift (gegen den Widerstand eines dünnen, verplombten Drahts oder eines Kunststoffstifts) ziehen, der meist an einem Ring hängt und dann einen Hebel am Feuerlöscher oder am Ende des Löschschlauchs drücken, und schon kommt das Löschmittel (meist Wasser, ABC-Pulver oder Schaum) heraus.

Die Einsatzzeit ist bei beiden Löscherarten abhängig vom Löschmittel und von der Füllmenge (meist zwischen 4 und 12 kg bzw. l) und liegt meist zwischen 15 und 45 s. Das zeigt, dass man eher wenig Zeit hat und das wenige Löschmittel durchaus überlegt, gezielt einsetzen muss.

Die Aufladelöscher erhalten den zum Löschen nötigen Druck erst bei der Aktivierung des Löschers; auch hier muss man einen Stift gegen den verplombten Widerstand ziehen (der an einem Ring hängt – vergleichbar einem Schlüsselbundring) und einen roten Hebel drücken oder einen roten Druckknopf einschlagen. Durch diesen Hebel- bzw. Knopfdruck bricht aber erst mal einen Nippel an einer sich im Handfeuerlöscher befindlichen Gaspatrone ab; dadurch strömt ca. 50 g flüssiges Gas aus, meist Stickstoff (N_2) oder Kohlendioxid (CO_2), vergast und baut jetzt den Druck von ca. 15 bar auf. Hier muss man also nach dem ersten Drücken des Hebels vielleicht 2 s lang loslassen, bis der Löscher einsatzfähig ist – denn so lange dauert es, bis das

Löschgas sich von der Flüssigkeit zum Gas aufgelöst hat und durch diese Volumenvergrößerung den Druck erzeugt.

Bei beiden Gerätschaften ist es wichtig, dass man die Löscher mit der einen Hand am Griff vorn am Schlauch und die Löscher mit der anderen Hand am Griff hält und nach unten hängen lässt. Hält man sie schräg oder stellt sie gar auf den Kopf, wird das Treibgas rausgeblasen, aber nicht das Löschmittel.

> Aufladelöscher gibt es in Fachgeschäften. Sie sind hochwertiger und sicherer als Dauerdrucklöscher!

So funktionieren alle Handfeuerlöscher; einzige Ausnahme sind die Kohlendioxid-Handfeuerlöscher. Bei diesen sind 2 kg oder 5 kg (andere Mengen gibt es noch nicht bzw. nicht mehr) von diesem CO_2 verflüssigt im Löscher und an der Düse vergast es – 1 kg erzeugt ca. 509 l Gas, und das verdrängt auf einer Fläche von ca. 5,5 m^2 den zum Überleben nötigen Sauerstoff. Diese Löscher haben auch einen deutlich höheren Druck von ca. 70 bar und sind deshalb auch wesentlich stabiler. Wer also einen 5-kg-CO_2-Löscher in einen kleinen Serverraum einbläst, muss das von außerhalb tun, wenn er überleben will (!). Hinzu kommt, dass in dem Serverraum (in dem es ja brennt) bereits ggf. tödlich viele Brandrauchgase sind.

▶ **Hinweis** Brennen oder schmoren Elektrogeräte, so entstehen extrem viele und sehr schnell tödliche Gase, d. h., schon kleine Brände können zu Todesopfern führen.

Da eine Tabelle oft mehr und effektiver Wissen vermitteln kann als tausend geschriebene Worte, will ich Ihnen den wesentlichen Teil dieses Abschnitts mit Tab. 4.5 vermitteln.

Tab. 4.5 Funktion verschiedener Löschgeräte

Löschgerät	Funktion	Löschmittel	Löscherfolg
Handfeuerlöscher	Kühlen Trennen Ersticken	Wasser Schaum, Pulver Kohlendioxid	Bei Kleinbränden hoher Erfolg bei richtigem Verhalten
Fahrbare Löscher*	Kühlen Trennen Ersticken	Wasser Schaum, Pulver Kohlendioxid	Bei größeren Bränden hoher Erfolg bei richtigem Verhalten
Wandhydrant	Kühlen	Wasser	A-Brand: hoher Erfolg
Sprinkler	Kühlen	Wasser	A-Brand: $\leq 100\,\%$ Erfolg
Gaslöschanlage	Ersticken	Gas	E-Brand: $\leq 100\,\%$ Erfolg
Feuerwehrschlauch	Kühlen	Wasser	100 % Erfolg

*Fahrbare Löscher haben ein Gesamtgewicht von mehr als 20 kg (meist 30, 50 oder 70 kg). Man kann sie minutenlang und aus größerer Distanz anwenden – meist so lange, bis die Feuerwehr vor Ort ist. Ein weiterer Vorteil ist, dass man damit ein Feuer kleinhalten kann. Der nächste Vorteil ist, dass man aufgrund des höheren Innendrucks nicht nur weiter, sondern auch höher spritzen kann

> Leichtere Löscher sind deutlich sinnvoller, da auch deutlich leichter anwendbar!

An dieser Stelle möchte ich Ihnen auch mal über Löschsprühdosen Informationen geben. Diese gibt es seit über 20 Jahren, und sie haben ihre Berechtigung und auch echte Vorteile, insbesondere bei Entstehungsbränden. Interessant ist, dass sie über viele Jahre – ohne fachliche Begründung – auf polemischste Art schlecht gemacht, ja verteufelt wurden. Erst als der mittlerweile pensionierte Frankfurter Feuerwehr-Chef im staatlichen Fernsehen positiv darüber berichtete, wurden diese Löschmittel auch gesellschaftlich akzeptiert. Es wird kommen, dass auch die ASR A2.2 sie berücksichtigt und Prüfverfahren entwickelt.

Aus eigenen Erfahrungen kann ich Ihnen versichern: Löschspraydosen können großartig und sehr effektiv sein, und das sage ich Ihnen ohne jeglichen persönlichen Vorteil (wirtschaftlichen Anreiz), versprochen – als Beratender Ingenieur dürfte ich das auch gar nicht! Derartige Löschmittel können richtig gut, effektiv sein und sollten deshalb an vielen Arbeitsplätzen direkt, und zwar additiv (also zusätzlich) zu Handfeuerlöschern, bereitgestellt werden – nicht alternativ. In Tab. 4.6 finden Sie eine kurze Beurteilung dieser Löschhilfen.

Die reine Gegenüberstellung und Anzahl der Vor- und Nachteile dürfen nun nicht zu einer abschließenden, absoluten Beurteilung führen. Löschspraydosen – zumindest, wenn es sich um gute handelt (sie decken A, B und F ab und haben viele Jahre Haltbarkeitsdauer, die Dosen sind hochwertig und geprüft), sind zum einen eine ideale Ergänzung zu Handfeuerlöschern

Tab. 4.6 Vor- und Nachteile von Löschsprühdosen gegenüber Feuerlöschern

Vorteile	Nachteile
• Sehr wenig Löschmittel wird deutlich effektiver angebracht	• Man muss sich dem Feuer mehr nähern.[a]
• Sie sind am Arbeitsplatz vorhanden, d. h., sie sind schneller einsatzbereit	• Man kann sie nicht überprüfen.[b]
• Sie sind schneller, einfacher anwendbar	• Es gibt noch keine Norm für die Herstellung, insofern kann man sie als Laie schlecht gegenüberstellend vergleichen.[b]
• Nach kurzzeitigem Anwenden sind sie noch monate-/jahrelang einsatzbereit	• Das Haltbarkeitsdatum ist relativ kurz (allerdings funktionieren sie noch deutlich länger nach einem Einsatz, d. h., sie sind noch monate- oder jahrelang einsetzbar)
• Sie decken meist A, B und F ab	
• Sie dürfen in Unternehmen vorhanden sein (nicht verboten)	• Die ASR A2.2 lässt sie (noch) nicht zu.[c]
• Die Hemmschwelle der Anwendung ist geringer	• Aufgrund der geringen Größe erhöhte Diebstahlgefahr
• Hohe Akzeptanz in der Belegschaft	

[a]Das muss jetzt nicht unbedingt ein Nachteil sein, denn bei einem kleinen Entstehungsfeuer gefährdet man sich nicht bei Annäherung
[b]Das ist nur noch eine Frage der Zeit
[c]Aber explizit sind sie nicht verboten, und die Zulassung wird wohl kommen

und zum anderen dort gut, wo keine Handfeuerlöscher vorgeschrieben sind. So ist beispielsweise in der häuslichen Küche
so eine Löschspraydose ideal, weil sie bei einem Pfannenbrand
effektiver und weniger personengefährdend ist als alles andere.
Und auch bei einem Adventskranzbrand wäre diese Lösch-
methode ideal – die hat man ja im Regal neben der Cognac-
Flasche (möglichst nicht verwechseln, weder so herum, noch
anders herum) –, und sie ist sofort einsetzbar, was der Handfeuerlöscher im Keller oder sonst wo verräumt ja nicht ist –
schon hätte man einen nicht mehr löschbaren Zimmerbrand.
Der zeitliche Vorteil ist ein ganz wichtiges Argument! Und die
Löschmittelmenge in Spraydosen reicht für sog. Entstehungsbrände aus – mehrfach übrigens nach Gebrauch, auch das ist ein
Vorteil gegenüber den Handfeuerlöschern.

4.5   Einsatzbereiche und Einsatzregeln von Feuerlöscheinrichtungen

Wir haben gelernt, dass man Handfeuerlöscher nur bei Entstehungsbränden verwenden darf – ohne jegliche Eigengefährdung.
Das im Brandfall richtig einzustufen und abzuchecken, erfordert
Mut und Fachwissen. Die Einsatzbereiche von Feuerlöscheinrichtungen haben wir in den vier vorausgegangenen Abschnitten
bereits besprochen, jetzt geht es noch um Einsatzregeln, die da
wären:

- Personenschutz geht immer vor Sachwerteschutz – bitte
  (gerade im Brandfall) nie vergessen! Und dabei gilt, dass der
  Eigenschutz vor dem Schutz anderer Personen steht.
- Bei Bränden im Freien möglichst auf die Windrichtung
  achten und in Windrichtung, nicht gegen den Wind, löschen;
  weiter gilt, dass Wasser, Schaum oder auch ABC-Pulver im
  Freien durchaus eingesetzt werden kann – CO_2 jedoch nicht,
  weil es zügig verblasen wird und bei Feststoffbränden ohnehin nicht effektiv sein kann.

- Metallbrände können so extrem gefährlich werden (übrigens auch Li-Batteriebrände), dass es ggf. sinnvoller ist, nicht zu löschen und das den gut ausgebildeten und jetzt auch korrekt angezogenen Feuerwehrprofis zu überlassen; ggf. kann man zur Schadenminimierung Gegenstände entfernen, Entrauchungsanlagen aktivieren und Türen schließen.

- Es ist im Brandfall besser, zwei oder gar drei Handfeuerlöscher gleichzeitig einzusetzen (natürlich dann von zwei oder drei Personen), als sie hintereinander einzusetzen – die Löscheffektivität ist deutlich höher. Konkret: Was ein einziger Handfeuerlöscher ggf. in 20 s schafft, das bekommt man mit zwei Handfeuerlöschern in 4 s hin (faszinierend, stimmt wirklich! Sie können das bei einer Löschübung, die Sie ja ohnehin machen müssen, mal ausprobieren!).

- Ideal läuft es, wenn man nicht alleine löscht, sondern mindestens eine weitere Person anwesend ist, die aus größerer Distanz die Sache beobachtet und die löschende Person ggf. über etwas informiert, das diese nicht sieht (nicht sehen kann); das kann z. B. Rauch aus der Decke oder ein verrauchter Fluchtweg sein. Also so: Person eins löscht, Person zwei beobachtet, und beide kommunizieren miteinander und vertrauen sich.

- Tropfbrände von Flüssigkeiten oder von geschmolzenen, brennbaren Kunststoffen sind von oben nach unten löschen, nicht umgekehrt.

- Nach dem Löschen eines Brands muss man auf eine mögliche Rückzündung achten, im Zweifelsfall bitte immer die Feuerwehr rufen.

- Beim Brandlöschen immer auf den eigenen Fluchtweg achten, und das geht am besten, wenn man den Fluchtweg hinter sich hat, und nicht, wenn dieser hinter dem Feuer liegt.

- Möglichst keinen Rauch einatmen (Brandrauch ist immer tödlich!).

Das sind jetzt ziemlich viele Informationen gewesen, die man natürlich erst mal nicht alle im Kopf haben kann, wenn es brennt. Sollte man aber!

Aufgabe

Fragen Sie in Ihrer Belegschaft nach, wer schon mal einen Brand mit einem Handfeuerlöscher oder einer Sprühdose gelöscht hat und welche Erfahrungen dabei gemacht wurden.

Einmal aktivierte Handfeuerlöscher werden nach kurzer Zeit nicht mehr funktionieren, Löschspraydosen dagegen schon!

Gefahren durch Brände

Nun sind wir schon beim vorletzten theoretischen Kapitel! Ich nehme an und hoffe, dass Sie sich jetzt bereits sattelfester und besser informiert fühlen und Sie vielleicht sogar auf den ersten Brand, den Sie löschen werden, „herbei sehnen". Es würde uns richtig freuen, wenn Sie Spaß am Brandschutz entwickeln, und wir würden uns noch mehr freuen, wenn Sie die gelernte Theorie niemals im Leben anwenden müssen (so wie ein Polizist seine Schusswaffe). Stecken Sie bitte andere von Ihrer Begeisterung über Brandschutz an, denn nur wenn viele Bescheid wissen, wird der Brandschutz gelebt, ist er gut. Kleiner Scherz am Rande: Bitte helfen Sie dennoch nicht nach, denn es ist nicht schön, seine Zeit in Räumen zu verbringen, die von außen versperrt sind – vorsätzliche Brandstiftung gilt als eines der wenigen möglichen Schwerverbrechen, d. h., schwere Brandstiftung wird mit Mord, Totschlag, Entführung, Sexualdelikten oder schwerem Raub gleichgestellt. Leider finden sich „fahrlässige Brandstiftung" und „Herbeiführen einer Brandgefahr" heute auch im § 306 StGB, d. h., es werden Menschen kriminalisiert, die ja eigentlich nur Ordnungswidrigkeiten und keine echten Verbrechen begangen haben.

Der zuletzt genannte Punkt der Auflistung im vorangegangenen Abschnitt lautet, man möge bitte keinen Brandrauch einatmen, weil dieser schnell tödlich ist – das ist wohl die größte Gefahr eines Brands. Doch auch die Hitze und andere Rauchgasprodukte

W. J. Friedl, *Fachwissen für Brandschutzhelfer*, https://doi.org/10.1007/978-3-662-63137-9_5

können schnell oder zeitverzögert den Tod bringen, und deshalb ist es wichtig, auch dieses Kapitel genau durchzulesen und zu verstehen.

> Die Hauptbrandgefahr durch Brände ist und bleibt der tödliche Rauch.

5.1   Gefahr durch Brandrauch

Brandrauchgase töten, das ist eine Tatsache – einige wenige erst später (Tabak, Rauschgifte), viele aber binnen Sekunden. Über Brandgase müssen Sie folgendes Wissen (aus Gründen der Übersichtlichkeit und der schnelleren Aufnahme stichpunktartig aufgeführt) haben. Egal was brennt, gilt für Brandgase:

- Sie sind immer tödlich (egal, ob der Rauch, die Wärmestrahlung oder die Hitze einen töten).
- Sie sind extrem schnell tödlich, das Leben kann mit zwei Atemzügen beendet sein.
- Sie nehmen extrem schnell die Sicht, sodass die Fluchtmöglichkeiten nicht mehr gesehen werden können.
- Sie machen uns ohnmächtig, aber nicht bewusstlos, d. h., wir bekommen zwar noch für einige Sekunden mit, was um uns passiert, die Befehle vom Hirn an die Muskeln – z. B. den Raum zu verlassen, ein Bein vor das andere zu setzen – können jedoch aufgrund einer chemischen Blockade im Nervensystem nicht mehr geleitet werden.
- Sie führen möglicherweise zu lebenslangen Behinderungen (geistigen und/oder körperlichen).
- Sie sind auch geruchlos tödlich und töten junge Menschen ebenso wie alte, kräftige ebenso wie schmächtige und Raucher genauso gnadenlos wie Nichtraucher.
- Sie enthalten tödlich ätzende Stoffe, welche die Verbindungsleitung zwischen Mund/Nase und Lunge verätzen können,

sodass die Luft nicht mehr in die Lunge gelangt. Fazit: Zunächst empfindet man (vergleichbar einer kommenden Erkältung) ein Kratzen im Hals, einige Minuten später ist man tot – auch wenn man in einer Klinik ist, können einen die Ärzte nicht mehr retten (!).

Bei Rauchgasen handelt es sich neben vielen weiteren tödlichen Gasen um CO (Kohlenmonoxid), CO_2, (Kohlendioxid), HCN (Zyanide), HCl (Salzsäure), NO_x (Stickoxide) – doch diese fünf Gase (allen voran das CO) sind am schnellsten tödlich. Chemiker können einige 100 weitere tödliche Giftstoffe auflisten (z. B. tödliche Bromlegierungen, die auf Platinen aufgesprüht wurden), doch wir bilden keine wissenschaftlichen Chemiker aus, sondern praxisorientierte Brandschutzhelfer.

Da allein das CO im Brandrauch schon tödlich ist, und zwar binnen Sekunden, interessieren die „nachfolgend" genannten Gase kaum noch. CO entsteht immer, wenn zu wenig Sauerstoff vorhanden ist, also bei Schmorbränden oder Elektrobränden. Da keine Hitze herrscht, bewegen sich viele Amateure scheinbar sicher im Raum – und gefährden ihre Gesundheit, ja sogar ihr Leben. Allerdings kann es sein, dass bei einem Brand kaum Rauch und CO entstehen, sondern sofort extreme Hitze (z. B. bei einem reinen Spiritusbrand). Wenn man Benzin anzündet, entstehen – im Gegensatz zu Spiritus – auch große Mengen an Rauchgasen und somit auch große Mengen am primär tödlichen CO.

Wir lernen also, dass Brandrauch immer tödlich ist, denn ob wir am CO, am CO_2, an den Zyaniden oder schlicht an der Hitze sterben, ist letztlich irrelevant – ähnlich einem Mord: ob mit einem Messer, den Händen oder einer Schusswaffe gemordet wurde – Mord bleibt Mord. Und ein Feuer bleibt ein Feuer, und das ist lebensgefährlich, ggf. rufen Sie also doch besser die Feuerwehr und verlassen den Bereich. Aber bitte die Tür zum Brandraum schließen, damit der Rauch, die Hitze und die Flammen erst mal drin bleiben. Weil es so wichtig ist, hier noch einmal:

Brandrauch ist tödlich. Immer. Für alle!

Das alles muss man bei Bränden immer berücksichtigen – wer
Brandrauch einatmet, ist nicht mutig, sondern riskiert sein Leben
oder seine Gesundheit. Kein Wertgegenstand sollte einem das
wert sein, doch bei durch das Feuer bedrohten Menschenleben
kann man schon mal etwas mehr riskieren, oder?

5.2   Gefahr durch Brandhitze

Selbst wenn die Rauchgase einen nicht töten, dann schafft das
die Hitze. Wer es länger als 15 min in einer Sauna mit 95 °C aushält, mag ein harter Knochen sein – aber Brandrauch ist eben
nicht 95 °C oder 120 °C heiß, sondern 500 °C und heißer: Diese
Hitze tötet in Sekunden (manchmal in Sekundenbruchteilen),
und zwar den Saunagänger ebenso wie jedes weitere Lebewesen.
Wer 95 °C für 15 min in der Sauna aushält, der verkraftet 190 °C
trotzdem nicht 7,5 min lang – sondern überlebt die ersten 3 s
nicht. Das ist im Brandschutz der mathematische Dreisatz. Für
Hitze gilt:

- Sie tötet binnen Sekunden, und deshalb empfiehlt es sich, im
  Brandfall den Raum nicht nur zügig zu verlassen, sondern
  ggf. die Entrauchungsanlage (die ja auch Hitze aus dem
  Gebäude entfernt) so früh wie irgend möglich zu aktivieren.
- Sie macht den Körper binnen Sekunden reaktionsunfähig.
- Sie führt bei längerer Einwirkung auf die Bauteile ggf. zu
  einem Bauteilversagen, und das wiederum kann für die
  gerufene Feuerwehr tödlich werden. Insbesondere die Dach-
  tragekonstruktion ist im Brandfall als besonders kritisch
  anzusehen, sie sollte ein Feuer mindestens 30 min aushalten
  können (F 30).
- Sie lässt ggf. Regale einstürzen, und das ist primär für die
  anwesenden Feuerwehrleute lebensgefährlich. Die Regale
  halten einige Tonnen Gewicht aus, dann wirkt Hitze auf das
  tragende Metall, das bei ca. 500 °C ungefähr 50 % seiner
  Tragfähigkeit verliert und bei 700 °C nur noch 30 % Tragfähigkeit besitzt. Hinzu kommt, dass die Regale durch
  Löschwasser (Sprinkler, Feuerwehrschlauch) noch um

einige Tonnen Gewicht schwerer werden können, weil sich Produkte vollsaugen oder auch Kunststoffkisten mit Wasser volllaufen. Wenn ein Sprinkler je Minute 80 l Wasser durchlässt und zehn Sprinkler offen sind und über 20 min laufen, dann sind das ca. 8 t zusätzliches Gewicht, allein durch das Wasser (davon ausgehend, dass lediglich 10 % des Wassers verdunstet und weitere 40 % auf dem Boden gelandet sind).

- Sie kann über etliche Meter hinweg weitere Brände verursachen, und zwar auch an schwerentflammbaren Gegenständen wie z. B. Scheunenwänden aus massivem Holz.
- Sie zerstört Gebäude, wenn sie lange und hoch genug auf die Gebäudesubstanz einwirken kann.
- Sie wird in °C gemessen, die Wärmestrahlung eines Feuers jedoch wird in Watt/m^2 gemessen. Beides zusammen ist eine tödlich hohe Gefahr!

Die Hitze eines Feuers kann so extrem sein, das kann man sich nicht vorstellen. Wer die Möglichkeit hat und jemanden bei der Feuerwehr oder einer Feuerwehrschule kennt (Kollegen, Freund, Schwager …), sollte mal in voller Feuerwehrmontur einen Brandraum betreten. Es ist beeindruckend und beklemmend, das zu erleben (und bitte auch zu überleben!). Und vergessen Sie dabei nicht: Hier wird simuliert, man kann die Hitze sofort wegnehmen und uns rausholen – bei einem realen Brand sind diese beiden lebenswichtigen Punkte meist nicht möglich.

> Die Hitze eines Feuers tötet. Immer! Alle!

5.3 Mechanische Gefahren

Die mechanischen Gefahren durch Gebäude- oder Regaleinsturz wurden im vorangegangenen Abschnitt bereits erwähnt; sie dürfen nicht vernachlässigt werden, doch das betrifft im fortgeschrittenen Stadium eines Brands wohl eher die Feuerwehrleute (die das aufgrund ihrer Ausbildung auch wissen und wegen

ihrer Berufsbekleidung außerdem nicht so gefährdet sind) als
den Brandschutzhelfer – der jetzt ja möglichst schon in Sicherheit sein sollte! Aber auch herunterfallende Teile, ausgelöst
durch Verbrennen von Gegenständen und die Hitze, und herum-
fliegende Teile, ausgelöst durch Explosionen kleinerer oder auch
größerer Art, können als mechanische Gefahr eingestuft werden.

Eine triviale, aber elementar wichtige mechanische Gefahr
ist im Brandfall auch das Stolpern: Man kann eine Treppe oder
Stufe herunterfallen oder über etwas stolpern und sich dabei
schwer verletzen. Deshalb ist es wichtig, sich zügig, aber nicht
hastig, und überlegt zu bewegen!

5.4   Zusätzliche betriebliche Gefahren bei Bränden

Die Anzahl der betrieblichen Gefahren kann man in einem
pauschal gehaltenen Buch natürlich nicht angeben, dazu gibt es
einfach zu viele und zu unterschiedliche Gefahren aufgrund von
„Brand". Es ist gesetzlich gefordert (nachzulesen in der Gefahrstoffverordnung), dass es ein Explosionsschutzdokument und eine
Gefährdungsbeurteilung gibt (nachzulesen u. a. im der Gefahrstoffverordnung vorangestellten Arbeitsschutzgesetz) – diesen beiden
Ausarbeitungen kann man entnehmen, welche betriebsinternen
Brand- und Explosionsgefahren es bei Störfällen wie Bränden
geben kann. Tab. 5.1 zeigt einige Arten von Gefahrenschwer-
punkten und die daraus resultierenden Gefahren auf und auch, wo
diese Gefahren in Unternehmen besonders zu erwarten sind.

Aufgabe

Analysieren Sie – ggf. mit ein paar weiteren Kollegen (möglichst mit einer anderen Berufsausbildung, als Sie sie haben,
damit mehr Fachwissen zusammengetragen wird) – mögliche
betriebliche Gefahren bei und nach einem Brand, und zwar in
allen hierfür besonders relevanten Abteilungen. Und suchen
Sie im Internet nach Bestimmungen, die Ihnen hierfür weitere
Tipps geben könnten.

Tab. 5.1 Gefahrenschwerpunkte und daraus resultierende Gefahren

Arten	Gefahren	Beispiele
Extrem viele Brand-lasten	Viel Rauch, Hitze	Hochregallager
Stäube	Explosion	Schreinerei
Gase	Explosion	Schweißgeräte
PV-Anlagen	Totalzerstörung der Anlagen und des Gebäudes	Brand auf dem Dach
Hohe Ströme/ Spannungen	Tödlich	Löschwasser
Extrem hohe Temperaturen	Explosion durch Lösch-mittel	Metallbrände
Komplexe Apparaturen	Falsches Löschmittel	Verfahrenstechnik
Durchlaufende Gerät-schaften	Schaden durch Abschalten	Versuchsanlagen
Ungünstige räumliche Lage	Erschwerte Flucht	Keller, Dachbereiche

Bei manchen Unternehmensarten darf es keine Unterbrechung geben – auch im Brandfall nicht, sonst werden die Kosten und Schäden exorbitant groß; hier ist es demzufolge von besonderer Relevanz, souverän die richtigen Schritte zu gehen.

Aufgabe

Überlegen Sie sich im beruflichen und privaten Umfeld und ggf. auch innerhalb der Familie, wem Sie von den Informationen dieses Kapitels was sagen werden und vor allem welche Reaktion Sie sich davon erhoffen (also welches veränderte Verhalten).

Verhalten im Brandfall

6

Und schon sind wir beim fünften und letzten Teil! Eigentlich sollte unsere Arbeitsleistung ja dazu führen, dass es nie zu einem Brand kommt. Doch mit 0 % Brandeintrittswahrscheinlichkeit (d. h. 100 % Brandsicherheit) kann man fast nirgends rechnen; jedem wird klar sein, dass das naiv wäre. Also muss man sich auch ein paar Gedanken über das richtige Verhalten im Brandfall machen – was in welcher Reihenfolge wichtig ist. Eine Problematik besteht darin, dass die „richtige" erste Reaktion relativ sein kann, d. h., in unterschiedliche Situationen werden unterschiedliche Erstmaßnahmen als primär richtig eingestuft. Darum geht es in diesem Kapitel.

> Im Brandfall sind oft mehrere Schritte gleichzeitig sinnvoll, etwa Feuerwehr rufen, andere warnen und löschen – hier müssen mehrere Personen zeitgleich handeln.

6.1 Alarmierung

Zunächst ist es im Brandfall wichtig, alle möglicherweise gefährdeten Personen zügig zu warnen und damit zu informieren (dazu verpflichten uns auch die ArbStättV sowie die ihr nachgeordnete ASR A2.2, die in Kap. 8 ausführlich erläutert wird). Sollte es jedoch ein kleines Feuer sein (etwa eine brennende

Serviette, die sich an einer Kerzenflamme entzündet hat und die gleich mit einer Tasse Kaffee oder etwas Mineralwasser gelöscht werden konnte), dann muss natürlich niemand informiert werden, und mit einem Rückzünden ist wohl auch nicht zu rechnen. Gleiches gilt für einen Papierkorbbrand, den wir zügig, sicher und absolut durch das Einschütten von zwei Mineral-wasserflaschen gelöscht haben. Doch im Zweifelsfall ist es sinn-voller, die Feuerwehr zu alarmieren – sie stellt den Einsatz nicht in Rechnung, wenn es gebrannt hat, selbst wenn wir uns fahr-lässig verhalten haben sollten und das Feuer längst (z. B. mittels Handfeuerlöscher) gelöscht wurde.

Es ist trivial, aber logisch: Wenn man die Feuerwehr 5 min später ruft (in der Hoffnung, das Feuer selbst löschen zu können, dann aber merkt, dass man das nun doch nicht schafft), dann kommen die helfenden Profilöscher auch 5 min später – im Brandfall ist das eine halbe Ewigkeit und entscheidet vielleicht über die Existenz des Unternehmens und über Menschen-leben. Also ruft eine Person bitte die Feuerwehr, während zwei weitere Personen versuchen, mittels zweier Handfeuerlöscher das Feuer gleichzeitig zu löschen; eine vierte Person warnt die möglicherweise gefährdeten Personen, während eine fünfte Person die Löscharbeiten sowie die Brand- und Rauchaus-breitung beobachtet. Klingt schwierig? Stimmt, das ist es auch – denn im Brandfall sind alle aufgeregt und reagieren ggf. nicht mehr logisch. Aber niemand hat behauptet, dass das Leben ein-fach sei – insbesondere nicht in Notsituationen wie Unfällen und Bränden.

Wenn es eine Sicherheitszentrale gibt, dann sollte der Alarm über diese abgesetzt werden, denn die Sicherheitszentrale beschäftigt (hoffentlich!) Profis, die wissen, welche weiteren Schritte jetzt zu gehen sind. Auch die Vorgesetzten müssen über den Brand umgehend informiert werden, denn sie können Räumungen disziplinarisch besser durchsetzen und Befehle erteilen, die eher befolgt werden, als wenn sie von Gleich-gestellten oder Untergebenen erteilt werden.

Brennt es ernst und stark und steht das Gebäude relativ nahe an der Grundstücksgrenze, dann sollte auch die Nachbarschaft über die drohende Gefahr informiert werden. Vielleicht kann

man ja noch Fahrzeuge und Baufahrzeuge aus dem Gefahrenbereich entfernen, ohne sich selbst zu gefährden? Wenn eine
Räumung ansteht und wenn man Räumungen schon mal geübt
hat, dann wird es wohl Räumungshelfer im Unternehmen geben,
die für diese Durchführung zuständig waren; diese müssen zügig
informiert werden, damit sie für eine ebenso zügige Räumung
zur Verfügung stehen.

Schadenschilderung: Als es in Hessen bei einem großen
Holzplattenhersteller 2018 gebrannt hat, fuhren Mitglieder der
Freiwilligen Feuerwehr die Baufahrzeuge aus dem Gefahrenbereich; dadurch haben sie einige Hunderttausend Euro zur
Schadenminimierung beigetragen. Das war natürlich nur deshalb möglich, weil man schon vorher konstruktiv zusammen-
gearbeitet hat, sich kennt und weil einer der Feuerwehrleute von
der Freiwilligen Wehr (der in dem Unternehmen arbeitet) auch
wusste, wo die Schlüssel zu den Fahrzeugen deponiert sind.
Meine Meinung: Starke Zusammenarbeit, beeindruckend!

Die ASR A2.2 nennt mehrere Methoden, wie man die
Personen, die sich noch im Gebäude befinden, von dem Brand
nichts mitbekommen haben und dadurch ggf. gefährdet sind,
einen Brand aufmerksam macht:

- Sprachalarmierungsanlagen
- Akustische Signalgeber (Hupen)
- Akustische Signalgeber (Sirenen)
- Personenbezogene Warneinrichtung
- Elektroakustische Notfallwarnsysteme
- Optische Alarmierungsmittel
- Hausalarmanlagen
- Telefonanlage
- Megafon
- Handsirenen
- Zuruf von Person zu Person (z. B. in einer Halle)

Es kann aber auch sein, dass eine derartige Alarmierung unnötig
ist, da die möglicherweise vom Brand gefährdeten Personen
diesen sicher mitbekommen im Stadium des Entstehens und

da es dann einen oder – besser – mehrere direkte Ausgänge ins
Freie gibt.

Es ist wichtig, durch einen Brand gefährdete Personen zu
alarmieren. Hierfür gibt es effektive und weniger effektive
Methoden.

6.2   Bedienung der Feuerlöscheinrichtungen ohne Eigengefährdung

Es brennt – und das ist ein so seltenes, schlimmes und damit
aufregendes Ereignis, dass viele die Prioritäten verwechseln
und nicht oder falsch reagieren; das ist durchaus verständlich
und bis zu einem gewissen Punkt auch nachvollziehbar – erlebt
jeder Mensch doch in seinem Leben durchschnittlich weniger als
einen Brand (Feuerwehrleute natürlich ausgenommen!).

Wenn es brennt, ist plötzlich alles anders. Vor lauter Auf-
regung verwechselt man schnell die Prioritäten.

Wir fahren wohl fast alle regelmäßig mit einem Fahrzeug
und machen dabei, meist unbewusst, ständig Gefährdungs-
beurteilungen – wir wägen ab, wie die Witterungs- und
Straßenverhältnisse sind, wie sich andere verhalten und wie viele
Stundenkilometer wir gerade fahren. Dennoch (oder gerade deshalb?) haben wir – hoffentlich – nur sehr selten einen Unfall,
und dann ist es meist auch kein schlimmer mit Verletzungen oder
Toten. So sollten wir das auch beim Brandschutz betrachten:
immer damit rechnen, dass es brennt, und uns einerseits überlegen, wie wir Brände verhüten könnten, und andererseits, wie
wir jetzt löschen, retten, warnen, fliehen.
  Deshalb ist es wichtig, dass man sich auf diesen Moment im
Leben (gemeint ist ein Brand) gut vorbereitet – so gut es eben

geht. Wenn es brennt, müssen wir die vorhandenen Feuerlöscheinrichtungen benutzen, das Feuer – falls es noch nicht zu groß
ist – in den Griff bekommen, und dies, ohne uns und andere zu
gefährden. Sagt sich so leicht, ist es aber nicht immer.

Es fängt schon damit an, dass sich in vielen Unternehmen
Handfeuerlöscher mit Wasser oder Schaum neben Löschern
mit CO_2 befinden. Das Kohlendioxid ist für Strombrände und
Brände von EDV-Anlagen und das Wasser (respektive der
Schaum) für Feststoffbrände. Würde man nun die Löscher verwechseln, wäre der jeweilige Löscherfolg nahezu null. Doch
für viele Menschen ist ein Feuerlöscher eben ein rotes Ding, in
dem etwas ist, was jedes Feuer ausmachen muss – und dass das
anders, ja sogar ganz anders sein kann, wissen Sie spätestens seit
dem Lesen der Einleitung.

Die Prävention ergänzt das kurative Verhalten sinnvoll, deshalb macht es immer Sinn, sich in beide Richtungen Gedanken
zu machen.

„Ohne Eigengefährdung" bedeutet:

- Man darf nicht zu nahe an das Feuer gehen, denn wenn man
  mit 15 bar (das ist sehr viel!!!) das Brandgut auseinander-
  schleudert, löst man den eigentlichen Brandschaden dadurch
  vielleicht erst aus – oder gar eine Explosion!
- Man darf aber auch nicht zu weit weg vom Feuer sein, damit
  nicht zu wenig oder gar kein Löschmittel auf das Brandgut
  kommt.
- Man muss darauf achten, dass das Feuer bzw. der Rauch den
  Fluchtweg nicht versperrt.

Schadenschilderung: Ein Unternehmen kann komplette Dach-
stühle mit einer computergesteuerten Maschine produzieren –
das geht schneller und genauer als alle anderen Methoden. Die
Zimmerei verwendet auch Hartholz, und dabei wird ein Fräs-
messer stumpf mit dem Resultat, dass es Funken gibt. Diese
Funken bringen einen Haufen Holzspäne mit ca. 0,5 m³ zum
Glimmen und Rauchen. Der Schreiner holt den ABC-Handfeuer-
löscher, geht viel zu nahe ran an den jetzt noch eigentlich harmlos
glimmenden Spänehaufen und hält den vollen Löschstrahl direkt

an den Haufen; dieser fliegt auseinander und eine Explosion des staubigen Holzhaufens zerstört für über 3 Mio. € die Anlage und das Gebäude – die dabei entstehende Personenverletzung ist glücklicherweise von guten Krankenhausärzten reversibel zu machen.

Der Schaden hätte verhindert werden können, wenn man Wasser gewählt hätte und dieses aus einem größeren Abstand vorsichtig auf den Haufen aufgebracht hätte.

Wir ziehen aus diesem sinnlosen und leicht vermeidbaren Schaden folgende Lehren:

- Man hätte sich vorher Gedanken machen sollen über die Löschmittelwahl.
- Man muss wissen, wie groß der Abstand des Löschers zum Feuer sein soll.
- Man hätte die Späne öfters entfernen sollen.
- Man hätte eine Holz- oder Metallkiste aufstellen sollen, in die die Späne direkt eingebracht werden.
- Man hätte den ABC-Löscher gegen einen A-Löscher (oder auch AB-Löscher) austauschen sollen (denn C-Brände gibt es hier nicht).

Am besten ist es, wenn Sie an jeder Stelle, an der Sie gerade sind (Supermarkt, Flughafen, Bahnhof, Büro, Lager, Produktionsraum, Heizungszentrale, Versammlungsstätte, Hotel, Restaurant …), sich bewusst machen, wie Sie sich im Brandfall verhalten würden: Wo ist der nächste Feuerlöscher, wo löst man die Entrauchung aus, wohin fliehe ich (erster und zweiter Fluchtweg), und – ganz elementar wichtig – wo ist das richtige Löschmittel? Damit sind Sie 99 von 100 anderen Personen (die jetzt im Brandfalls hilflos herumstehen, nichts leisten oder kluge Tipps geben würden) schon mal haushoch überlegen. Und wer noch dazu weiß, wie man den Handfeuerlöscher, den Wandhydranten oder den fahrbaren Löscher aktiviert, der wird Held des Tages – versprochen! Die Entscheidung der Priorität, also der richtigen Reihenfolge (löschen, fliehen, andere warnen, Feuerwehr rufen), kann ich Ihnen nicht abnehmen. Nicht, weil ich es nicht weiß, sondern weil die Reihenfolge von Brand zu Brand unterschiedlich ist (Tab. 6.1) – diese Entscheidung

Tab. 6.1 Unterschiedliche Prioritäten je nach Art des Brandes

Situation	Priorität, d. h. die erste und wichtigste Handlung
Großer Küchenbrand	Alle umgehend raus aus der Küche
Kleiner Pfannenbrand	Dicht abdeckenden Deckel oder Topf draufsetzen
Kerze entzündet Serviette	Mittels Getränk (z. B. Kaffee, Wasser) sofort löschen
Rauch dringt aus dem Keller	Nicht nachsehen, die Feuerwehr rufen und ins Freie gehen
Brand nachts im Altenheim	Feuerwehr rufen und gefährdete Person evakuieren und/oder das Feuer direkt löschen[*]
Elektrogerät raucht	Stecker ziehen (das Feuer könnte dadurch ausgehen) oder die zuständige Sicherung auslösen
Li-Batterie brennt explosionsartig	Darauf achten, dass nichts auf den Körper/die Haut gelangt und sich zügig entfernen

[*]Sie meinen, es gibt nur eine Priorität (was ja von der mathematischen Logik her richtig ist)? Weit gefehlt – jetzt werden innerhalb von wenigen Minuten (lange bevor die Feuerwehr vor Ort ist) Menschen sterben. Also müssen einige Personen anwesend sein, die umgehend und richtig handeln und unterschiedliche Dinge parallel vornehmen

müssen Sie selbst zügig und richtig treffen, denn wie bereits erwähnt: Niemand behauptet, dass das Leben einfach ist – vor allem in Notsituationen!

6.3 Sicherstellung der selbstständigen Flucht der Beschäftigten

Die Möglichkeit zur Flucht im Brandfall muss nach der jeweiligen Landesbauordnung gegeben sein, und zwar in allen Gebäuden – deshalb fordern ja auch mittlerweile 15 von 16 Landesbauordnungen, dass Rauchwarnmelder in Wohnungen installiert sind. Je mehr Menschen im Brandfall fliehen können (also sich selbstständig retten können), umso weniger

Menschen muss die Feuerwehr retten – und umso früher kann die Feuerwehr sich der Aufgabe des Löschens widmen, wodurch wiederum der Brandschaden minimiert wird.

> Verstöße gegen Vorgaben der Bauordnung führen nicht selten zu Toten!

Unser primäres Ziel (Plan A) ist zwar, es nicht zu einem Brand kommen zu lassen – doch wenn es doch so weit ist, brauchen wir einen Plan B (oder einen Plan A2, wie man heute in der Politik sagt, wenn man nicht zugeben will, dass man falsch lag): Zügig und sicher müssen die jetzt gefährdeten Personen sich ins sichere Freie oder in einen anderen, sicheren Brandabschnitt begeben können. Leider gelingt das – durchschnittlich gesehen – alle ca. 26 h in Deutschland nicht, d. h., es sind jährlich immer noch über 300 Brandtote zu verzeichnen (!), und die Brandschäden liegen in einem Bereich von deutlich über 6 Mrd. € – ein unvorstellbar großes Vermögen, das hier vernichtet wird, und zwar jährlich!

Um selbstständig fliehen zu können, muss man an jeder Stelle, an der man sich gerade aufhält, wissen, wo die Fluchtwege verlaufen – oft gibt es ja zwei, manchmal auch noch mehr Möglichkeiten. Das kann, soll und muss man sich unbewusst merken, etwa im Einkaufscenter die (meist alarmüberwachten) Notausgangstüren, vor denen nicht selten Regale und Einkaufswägen platziert sind! Bei alarmüberwachten Ausgängen steht meist ein Schild mit dem Hinweis „Alarmüberwacht, Missbrauch verboten". Davon darf man sich in Notsituationen wie Bränden, Angriffen oder Bombendrohungen nicht abschrecken lassen, denn das Öffnen dieser verplombten Tür ist jetzt ein Gebrauch, kein Missbrauch, und der diese Tür öffnenden Person werden weder vom Unternehmen noch von einer Versicherung oder der Staatsanwaltschaft Vorwürfe gemacht oder Kosten in Rechnung gestellt. Das verspreche ich Ihnen – ggf. stehe ich Ihnen hierfür als beratender Gutachter zur Verfügung.

> Wir müssen die Fluchtwege kennen.

Die meisten Menschen sind recht sorglos, wenn es um Brandschutz geht – eben weil sie noch nie einen Brand erlebt haben und ihn deshalb für nicht real halten. Wenn es dann aber dazu kommt, geraten sie in Panik und reagieren nicht oder falsch. Sich die Fluchtwege zuvor bewusst zu machen, das ist sinnvoll und intelligent. Und wenn dann die Zugangstüren zu den Fluchtwegen geschlossen und nicht aufgekeilt sind, verrauchen diese Wege nicht und können genutzt werden:

> Aufgekeilte Brand- und Rauchschutztüren können Fluchtwege tödlich verrauchen.

Schadenschilderung: Im November 2016 starben drei Menschen bei einem Wohnhausbrand an der Dachauer Straße in München, weil die Feuerschutztür nicht geschlossen war. Dass „nur" eine Bewährungsstrafe für den Verursacher ausgesprochen wurde, mag bedenklich wirken und ist es ggf. auch, aber im Deutschen Strafrecht steht eben nicht Rache, sondern eine sinnvolle Strafe im Vordergrund.

6.4   Besondere Aufgaben nach BSO (Teil C)

In Abschn. 3.1 haben wir ja schon über Brandschutzordnung gesprochen und auch über den wichtigen Teil C; hier muss das noch mal wiederholt bzw. vertieft werden. Die Brandschutzordnung besteht ja aus den drei Teilen A, B und C, und Teil C beschäftigt sich mit Aufgaben, die einige wenige Personen im Unternehmen haben, wenn es einen Brand gibt. Das sind z. B. Flurbeauftragte, Fluchthelfer, Fluchtbeobachter oder auch Räumungshelfer. Meistens unterliegen vorgesetzte Personen (weil sie mehr Verantwortung und meist auch mehr Autorität haben und es gewohnt sind, Anordnungen geben) diesem Teil C, aber auch Brandschutzhelfer und Brandschutzbeauftragte.

In Notsituationen reagieren manche Menschen erst, wenn sie die Not sehen (übrigens im wahren Leben ist das auch leider oft so!), und dann kann es zu spät sein. „Sicherlich wieder nur ein Fehlalarm" denken nach Alarmauslösung viele und arbeiten ruhig weiter – bis der Rauch den Flur gefüllt hat und eine Flucht nicht mehr möglich ist. Wer jetzt „selber schuld" denkt, sollte bitte weniger zynisch sein: Informieren Sie andere über die Gefahr eines Brands und über das zügige und richtige Verhalten. Und weil Sie als Brandschutzhelfer jetzt mehr wissen und mehr Aufgaben haben, veranlassen Sie andere zur Flucht, und zwar in die richtige Richtung. Wir Menschen sind „Gewohnheitstiere" und gehen auch im Brandfall den Weg, den wir immer gehen, wenn wir abends den Arbeitsplatz verlassen – im Brandfall kann das richtig, aber auch tödlich falsch sein (je nachdem, von wo der Rauch kommt).

> Agieren, nicht reagieren – so funktioniert Brandprävention!

Als Brandschutzhelfer wird man Ihnen ein Formular vorlegen, das Sie berechtigt und verpflichtet, sich dem Kreis „Brandschutzordnung C" zugehörig zu fühlen. Das ist wichtig und richtig. Diesen Teil C müssen Sie gut lesen, wissen, parat haben, und auf Abruf müssen Sie funktionieren wie eine Maschine: Personen warnen, zügig (ja, autoritär) auf das Verlassen hinwirken, die Feuerwehr rufen (oder rufen lassen), die Umkleiden und Toiletten überprüfen (ggf. überprüfen lassen) und die Menschen in dem Flurflügel, für den Sie zuständig sind, quasi wie ein Schäferhund seine Schafe vor sich her treiben. Dann gehen Sie als Letzter aus dem Bereich und können bestätigen, dass dieser Flur, diese Ebene oder sogar dieses Gebäude menschenleer ist – eine wichtige Information für die Feuerwehr, die sich jetzt primär dem Löschen widmen kann und eben nicht viele Minuten damit verbringen muss, etwaige gefährdete Menschen zu suchen.

Wenn Sie den Fluchtweg hinter sich haben und noch jemand bei Ihnen ist, können Sie sich kurz vor dem Betreten des Sie schützenden Treppenraums ja noch überlegen, ob ein Löschen sinnvoll, möglich und effektiv wäre. Was spricht denn dagegen, den Arbeitsplatz zu erhalten und der Versicherung (deren Kosten wir alle mit dem Kauf von Produkten mit bezahlen) – und damit letztlich uns allen – einen Gefallen zu tun?

Noch etwas muss man sich vorab überlegen: Wenn es leicht bewegliche, hohe Sachwerte in einem Unternehmen gibt, und wenn es praktisch keine Zeit kostet, diese zu bergen bzw. zu retten, dann sollte man sie auf der Flucht mitnehmen. Das kann ein Modell (Unikat) sein, die Kasse oder Briefmarken oder auch ein sehr wichtiges Originaldokument.

Nun hat das Löschen aber nicht geklappt, es brennt, und Sie sind über den Treppenraum als einer der Letzten ins sichere Freie gegangen. Sie werden positiv überrascht sein, wie schnell die Feuerwehr deutschlandweit vor Ort ist und wie mutig und professionell diese Leute auftreten. Sie stehen dem Einsatzleiter zur Verfügung und beantworten ehrlich und knapp seine Fragen – nicht mehr, aber auch nicht weniger. Wenn Sie etwas wissen, was der nicht wissen kann – was aber jetzt wichtig ist –, dann sagen Sie es ihm. Das kann beispielsweise eine Gasflasche im Büro sein, mit der die Feuerwehr natürlich nicht rechnet, ein zweiter Angriffsweg, die Stelle des Gashaupthahns oder eines Hydranten.

6.5   Löschen brennender Personen

Bei uns Menschen brennen die Kleidung, die Haare und – lange nachdem wir gestorben sind – auch der gesamte Körper. Grausam! Nun fangen Menschen ja nicht einfach so zu brennen an, am wenigsten im Büro oder im Lager. In Tab. 6.2 sind Bereiche aufgeführt, in denen es am ehesten dazu kommt, dass Menschen brennen.

Tab. 6.2 Verhalten bei brennenden Personen

Bereich	Gefahr	Gegenmaßnahme(n)/Prävention
Produktion*	Person nähert sich hohen Temperaturen und trägt die falsche Kleidung	Abstand Schulung Profikleidung
Küche	Pfannen-/Fritteusenbrand wird fälschlicherweise mit Wasser gelöscht	F-Löscher stellen Schulung Explosion vorführen in einer Übung
Zu Hause	Person kommt zu nah an eine Kerzenflamme, die Kleidung brennt	Umgehend mit der Hand das Feuer ausschlagen oder mit Flüssigkeit (Getränk) löschen
Garage	Benzin wird verschüttet, verdunstet schnell und entzündet sich (z. B. am heißen Motor)	Im Freien umfüllen, mit einem Trichter (nichts verschütten) Benzin nachfüllen, wenn der Motor kalt ist
Labor	Gasflamme entzündet sich	Installation einer Dusche zur Selbstrettung (Löschen) Viele und richtige Löscher stellen

*Je nach Bereich ist die Gefahr größer (z. B. bestimmte Lebensmittelherstellungsbereiche, Metallguss, Hohlglasherstellung) oder praktisch null (z. B. Gerätebau, Kunststoffspritzen)

Die wohl extremste Situation bei einem Brand ist, dass ein noch lebender Mensch brennt. Jetzt sind einige Dinge gleichzeitig primär wichtig, nämlich:

- Sie müssen sofort reagieren.
- Sie müssen richtig reagieren.
- Sie müssen auch was riskieren.
- Sie müssen für die Person mitdenken, denn diese kann nicht mehr rational denken.
- Sie müssen die Person möglichst schnell und „schonend" löschen.

- Sie müssen, nachdem die Person dank Ihrer Hilfe überlebt hat, für sofortige ärztliche Versorgung sorgen.
- Sie müssen diese Person kühlen, beruhigen, betreuen.

Ja, Sie haben richtig gelesen. Jede dieser sieben als „primär wichtig" eingestuften Forderungen *müssen* Sie tun. Sie! Wer sonst? Es ist ja – außer Ihnen und der brennenden Person – niemand da. Die Feuerwehr braucht 5 – 10 min und der Kollege aus dem Nebenraum 30 s – das ist beides zu lange, die brennende Person würde sterben.

> Brennende Personen sind aufgrund der lebensbedrohlichen Situation nicht mehr zurechnungsfähig – wir müssen für sie die Verantwortung übernehmen, und zwar sofort!

Die Berufsgenossenschaft für Nahrung und Genussmittel (kurz: BGN) hat bereits im Jahr 2000 in der Mitteilung 9.14 gesagt, dass Löschdecken nicht mehr das Löschmittel der Zeit – sprich, nicht mehr Stand der Technik – sind. Das ist eine wichtige und absolut richtige Aussage. Warum, das sollte klar sein, denn eine brennende Person in eine Löschdecke einzuwickeln, bedeutet:

1. Diese Person müsste absolut stillhalten.
2. Das Feuer geht erst aus, wenn der Sauerstoff zwischen Decke und Person verbraucht ist (und das kann lange dauern, denn die Person hält ja aufgrund der Schmerzen nicht still), d. h., es kommt wohl kaum zu einem Löscherfolg.
3. Menschen, die Brände überlebt haben, sehen Monate und Jahre nach einem Brand am üblicherweise bekleideten Körper oft schlimmer aus als an den Händen, am Hals und am Kopf, weil die brennende Kleidung in den Körper gedrückt wurde – der Einsatz eines Handfeuerlöschers hätte dies verhindert und (vgl. Punkt 2), es wäre auch deutlich schneller gegangen.

Wer also heute noch Löschdecken in Küchen platziert, hat wenig fachliches Wissen und riskiert die Gesundheit anderer und seine persönliche Freiheit – nach so vielen Jahren kann man sich nicht mehr damit herausreden, man habe das nicht gewusst.

Man darf jetzt Haupt- und Nebenwirkung nicht verwechseln, denn es geht tatsächlich um Sekunden. Die Hauptwirkung ist, dass die brennende Person binnen 15 – 30 s grausam sterben wird. Die Nebenwirkungen sind Schmerzen, Entstellungen, Löschmittel im Gesicht und in der Nase und Entzündungen (die man ggf. nicht mehr verhindern kann).

Schadenschilderung: Ein zart gebauter Chemiker in einem Labor brennt vorn auf der Brust, weil er beim Vorbeugen einer Propangasflamme mit der Kleidung zu nahe kam. Sein kräftiger Kollege bringt ihn zu Fall, um ihn mit einem CO_2-Handfeuerlöscher zu löschen. (Anmerkung: Das ist beides erst mal korrekt, nicht falsch!) Nun weiß der Chemiker aufgrund seiner Ausbildung, dass das Gas ein Atemgift ist, vergisst aber tragischerweise, dass es beim chemisch-physikalischen Übergang von der flüssigen zur gasförmigen Phase extreme Kälte erzeugt. Er setzt den großen Löscher mit 5 kg CO_2 (das erzeugt ca. 2500 l Gas!) direkt am Hals an und bläst die volle Ladung des Löschers von oben über die Brust. Dem brennenden Kollegen wurde der Hals zerstört, und er behielt Sprechprobleme aufgrund des abgestorbenen Gewebes. In der Gerichtsverhandlung wurde der löschende Kollege wegen fahrlässiger Körperverletzung verurteilt – hätte er nicht gelöscht, wäre er wegen unterlassener Hilfeleistung mit Todesfolge verurteilt worden. Der Richter hielt es ihm vor, ohne nachzudenken (das kann man – gerade von einem Chemiker – im Brandfall schon verlangen!) in Rambo-Manier vorgegangen zu sein. Etwas CO_2 in der Nase und damit in der Lunge wäre überhaupt kein Problem gewesen – und etwas CO_2 kurz am Hals auch nicht und am bekleideten Körper ohnehin nicht.

Unsere Lehre daraus ist, es „einfach" richtig zu machen: mehr Abstand (ca. 1 m hätte gereicht, um zu löschen und keinerlei Verletzung anzurichten) und stoßweise löschen, nicht die volle Ladung!

Also: Schnell einen Feuerlöscher nehmen und die Person löschen. Wenn der nächste Handfeuerlöscher mit Kohlendioxid gefüllt ist, dann nimmt man diesen; das Löschmittel ist an der Düse (da geht das flüssige Kohlendioxid in gasförmiges Kohlendioxid über) −78 °C kalt, und das ist ungefähr mit +500 °C zu vergleichen. Soll heißen, dass es − zu nahe und zu lange an unbekleidete Haut gehalten − zu gewebezerstörenden Erfrierungen kommt. Man kann die Haut tatsächlich abtöten, am Hals Zerstörungen der Stimmbänder anrichten oder gar Finger zum Absterben bringen. Das passiert natürlich nur, wenn man die Löschdüse direkt und lange auf den unbekleideten Körper hält. Das passiert nicht, wenn man mindestens 1 m Abstand einhält oder eben nur stoßweise und kurz, aber effektiv löscht. Steht ein Handfeuerlöscher mit Schaum, Pulver oder Wasser zur Verfügung, dann wählt man diesen − etwas von dem Löschmittel in Gesicht oder Nase, das wäre eine Nebenwirkung (die nicht gefährdend oder gar tödlich ist!).

> Das Gaslöschmittel Kohlendioxid ist − direkt auf die nackte Haut aufgebracht − schnell hochgefährlich und muss vermieden werden − ein Abstand von 1 m indes ist völlig harmlos!

▶ **Tipp** Veranlassen Sie Ihr Unternehmen, eventuell noch vorhandene Löschdecken zu entfernen, bevor damit Schlimmes passiert − nicht nur, dass die brennende Person damit zusätzlich gefährdet wird, auch die löschende Person kann plötzlich zu brennen beginnen.

Schadenschilderung: Drei Männer, die mit Kosmetikwatte als Bart sich als Nikoläuse verkleidet haben, überreichten Kindern Geschenke. Einer der drei kam einer offenen Kerze mit der Watte zu nahe, und sowohl die Watte als auch seine Haare und Kleidung fingen sofort zu brennen an. Die Mütter sind mit den Kindern (korrekt übrigens!) schnell aus dem Raum gerannt − die beiden anderen „Nikoläuse" wollten ihrem Freund helfen (wie auch immer!). Es endete damit, dass alle drei brannten und ihre Gesichter entstellt blieben. Hätten die drei vorab überlegt, wie man sich verhält, dann hätten die beiden wahrscheinlich als Erstes die leichtentflammbaren Bärte abgerissen. Eine als Brandschutzbeauftragter ausgebildete Person hätte wohl die Watte mit einem Spray behandelt, das die Bärte schwerentflammbar imprägniert – schon wäre es dazu nicht gekommen. So einfach, aber effektiv kann Brandschutz sein. Trotzdem passiert so etwas, weil man nicht damit rechnet und es ja auch so selten vorkommt – woher soll man so was denn wissen? Natürlich hätte man auch die Zündquelle (Kerze) löschen können, aber sie ist ja dafür da, eine bestimmte Atmosphäre zu erzeugen.

Da die brennende Person aufgrund der Schmerzen und des bevorstehenden Tods nicht mehr zurechnungsfähig ist, muss man damit rechnen, dass diese um sich schlägt und – natürlich nicht bewusst und nicht absichtlich – uns Retter verletzt oder entzündet. Auch deshalb ist der sofortige Einsatz eines Handfeuerlöschers die einzige und richtige Reaktion.

Wenn es realistisch ist, dass Menschen brennen können, kommt man an einer dafür geeigneten Dusche im Unternehmen nicht vorbei. „Geeignet" bedeutet, dass die möglicherweise gefährdeten Personen über die Existenz und den Standort der Dusche (bitte nicht drei Labore weiter, sondern in jedem Labor eine Dusche, ggf. auch zwei) Bescheid wissen. Diese Dusche gibt viel Wasser auf großer Fläche ab (ggf. bekannt als „Erlebnisdusche" aus der Saunalandschaft?) und löscht umgehend – sie ist übrigens auch dann anzuwenden, wenn gefährliche Chemikalien auf die Kleidung oder Haut gekommen sind.

Während des Löschens oder spätestens nachdem die Person gelöscht wurde, muss der Notarzt gerufen werden. Nicht ins Telefon brüllen – das bringt nichts –, aber die Situation eindringlich erläutern: Verbrennungen im Gesicht, Kreislaufzusammenbruch. Die den Anruf entgegennehmende Stelle muss eigentlich nicht mehr wissen (gut, die Anschrift wäre schon hilfreich!), da sitzt ja auch ein Profi, der weiß, dass es schnell gehen muss, und der Rettungsarzt oder Rettungssanitäter wird wissen, welches Krankenhaus in der näheren Umgebung auf so einen Einsatz bestens ausgerüstet ist. So hat beispielsweise die österreichische Feuerwehr mittels Hubschrauber vom ÖAMTC einen rauchgasverletzten Feuerwehrmann in Salzburg vor wenigen Jahren in das Bogenhauser Krankenhaus in München fliegen lassen – weil eben im Radius von 200 km kein besseres Krankenhaus zur Behandlung derartiger Verletzungen zur Verfügung steht. Großartig, aber Alltag im zivilisierten Mitteleuropa. Der Feuerwehrmann bekam die bestmögliche Behandlung und konnte nach 17 Tagen entlassen werden.

Dieser Abschnitt ist deutlich umfassender als andere – warum sollte klar sein. Wenn Menschen brennen, dann ist das etwas ganz Schreckliches, und wenn eine Person aufgrund unserer Hilflosigkeit so stirbt, werden – neben lebenslangen Selbstvorwürfen – wohl auch Vorwürfe vom Staatsanwalt auf uns zukommen. Davor will ich Sie und Ihre Belegschaft bewahren.

Praxis

7

Ein Buch zu lesen, viele Tipps zu bekommen, das alles ist graue Theorie (ich hoffe dennoch, dass es Ihnen etwas Spaß gemacht hat, mein neues Buch zu lesen und dass Sie diese Theorie in Ihrer gelebten Praxis umsetzen … und dass sie nicht zu grau war!?). Daraus in der entsprechenden Situation etwas zu machen, ist Praxis. Und das, was man macht, soll natürlich auch das Richtige sein. Sie werden es erleben – oder haben es schon erlebt: Wenn Sie das erste Mal einen Handfeuerlöscher bei einer Übung in der Hand haben, andere Sie beobachten und der Einsatzleiter Tipps gibt, dann sind Sie aufgeregt. Wenn es aber „wirklich" brennt und Sie zu allem Überfluss auch noch allein sind, dann sind Sie noch deutlich aufgeregter. Wer aber schon ein paar Löschübungen mitgemacht hat, andere dabei beobachtet hat und über „typische" Fehler Bescheid weiß, der wird deutlich zügiger, effektiver und souveräner handeln. Das ist der Grund, warum die Theorie nur etwas bringt, wenn auch Praxis dazukommt. Sie können in 1000 Actionfilmen sehen, wie Helden mit Autos rasen – deshalb können Sie aber noch lange nicht Auto fahren, und jeder weiß, wie hilflos, fehlerbehaftet und unsicher man sich in den ersten Fahrstunden verhält. Akzeptieren Sie deshalb bitte, dass auch intelligente Menschen aus Ihrem Unternehmen, die mit Brandschutz nichts am Hut haben, sich im Brandfall falsch, hilflos und vielleicht sogar unsinnig verhalten.

© Der/die Autor(en), exklusiv lizenziert durch Springer-Verlag GmbH, DE, ein Teil von Springer Nature 2021
W. J. Friedl, *Fachwissen für Brandschutzhelfer*,
https://doi.org/10.1007/978-3-662-63137-9_7

> Blicken Sie immer auf die Feuerlöscher und erkennen,
> welches Löschmittel drin ist.

7.1 Handhabung und Funktion, Auslösemechanismen von Feuerlöscheinrichtungen

Kommen wir zunächst zu den Handfeuerlöschern: Hier gibt es Dauerdrucklöscher (erkennbar an dem dünnen Flaschenhals oben, etwa wie bei einer Saftflasche, mit vielleicht 3 cm Durchmesser) und Aufladelöscher (erkennbar an dem deutlich dickeren Flaschenhals oben mit vielleicht 10 cm Durchmesser).

Die Dauerdrucklöscher haben einen permanenten Druck von ca. 15 bar, und wenn man den Stift gegen den Widerstand einer metallenen Plombe (kann auch aus Kunststoff sein) zieht, kann man den Hebel drücken oder einen Knopf einschlagen, und dann kommt am Ende des Schlauchs das Löschmittel heraus. Meistens haben diese Löscher auch eine Dosiereinrichtung, d. h., man kann selbst bestimmen, wann Löschmittel austritt. Sehr alte Löscher jedoch haben das nicht, da kommt das gesamte Löschmittel heraus, und man kann den Strahl nicht mehr unterbrechen, bis der Löscher leer ist.

Die Aufladelöscher haben meist innen eine Druckgasflasche mit ca. 50 g Kohlendioxid – dieses CO_2 dient aber nicht zum Löschen (dafür ist es zu wenig), sondern dafür, das Löschmittel (Wasser, Pulver, Schaum) auszubringen. Durch das erste, kurze Drücken des Hebels bzw. Einschlagen des roten Knopfs wird an der CO_2-Patrone ein Nippel abgebrochen, der das Austreten des Kohlendioxids innerhalb des Löschers bewirkt und den Druck von ca. 15 bar jetzt erst aufbaut. Wenn es sich um einen Wasser- oder Pulverlöscher handelt, tritt das Löschmittel etwa um 2–3 s zeitverzögert (in Relation zum Dauerdrucklöscher) aus. Ist es ein Schaumlöscher, so wird ein Behälter aufgrund des Druckanstiegs zerstört, aus dem das Schaummittelkonzentrat austritt und sich zügig mit dem Wasser im Löscher zum Löschschaum verbindet.

Man muss beachten, dass in der ersten Sekunde ggf. noch reines Wasser austritt, deshalb ist so ein Schaumlöscher auch nicht geeignet zum Löschen von Küchenbränden. Das Schaummittel ist aus Gründen des Umweltschutzes in einem kleinen, separaten Behälter im Wasser, was auch Kosten spart. Diesen Behälter muss man sich ungefähr wie einen Joghurtbecher vorstellen: Die Aluminiumfolie wird durch den Druck im Behälter zerstört, und das Schaumkonzentrat verbindet sich zügig (aber eben nicht binnen eines Sekundenbruchteils!) mit dem Wasser im Löscher. Alle paar Jahre übrigens ist das Schaummittel abgelaufen und muss ausgetauscht werden.

Fahrbare Löscher verfügen meist über 20, 30, 50 oder sogar 70 kg Löschmittel, und es gibt sie mit Kohlendioxid (ggf. lebensgefährlich durch die Verdrängung des Sauerstoffs, die Vernebelung oder die abkühlende Wirkung), Wasser, Schaum oder ABC-Pulver. Diese Löscher wählt man, wenn ein Brand kein Entstehungsbrand mehr ist und man es sich zutraut und sich nicht selbst gefährdet. Die Funktions- und Aktivierungsweise ist grundlegend wie die eines Aufladelöschers – die einzigen drei Unterschiede sind, dass man 1. ihn nicht trägt, sondern in die Nähe der Brandstelle rollt, dass man 2. für mindestens 5 min löschen kann und man 3. deutlich weiter weg von der Brandstelle stehen, also den Löschstrahl weiter werfen kann.

Aufgabe

Versuchen Sie, die Vor- und Nachteile von Dauerdruck- und Aufladehandfeuerlöschern in eigenen Worten zusammenzufassen. Sagen Sie sie laut auf oder erläutern Sie sie anderen Personen und erklären z. B., warum man einen Handfeuerlöscher nicht in einem Baumarkt kaufen soll, sondern lieber eine Löschsprühdose oder einen Profilöscher im Fachhandel.

Nun sprechen wir über Wandhydranten. Diese haben gegenüber Handfeuerlöschern zwei Vorteile:

1. Die Löschmittelmenge ist unbegrenzt (solange Ihr Unternehmen seine Wasserrechnung zahlt, fließt Wasser!), sodass

man auch ein größer gewordenes Feuer in den Griff bekommt
oder es zumindest bis zum Eintreffen der Feuerwehr kleinhalten kann.

2. Man kann eine größere Distanz zur Brandstelle einnehmen,
   weil man mit dem Schlauch weiter spritzen kann, d. h., man
   ist selbst nicht so stark gefährdet.

Wandhydranten befinden sich meist an den Ein-/Ausgangs-
bereichen und somit in der Nähe des Fluchtwegs. Man muss
bei Wandhydranten zunächst das Handrad aufdrehen (es sitzt an
der Stelle, an der der Schlauch mit der Wand verbunden ist) und
dann den Schlauch von der Haspel ziehen. Als Nächstes muss
man am Ende des Schlauchs einen Drehverschluss drehen oder
Hebel umlegen, damit zunächst die im Schlauch befindliche
Luft und schließlich nach einigen Sekunden Verzögerung auch
das Löschwasser austreten kann. Durch Veränderung der Düse
(vergleichbar einem Gartenschlauch) kann man Vollstrahl,
Sprühstrahl oder einen passenden Mittelwert einstellen. Diese
Informationen gelten für Wandhydranten mit sog. formstabilen
Schläuchen.

Vereinzelt gibt es in Unternehmen aber noch Schläuche aus
den frühen 1970er Jahren, die nicht formstabil sind. (Sie entsprechen nicht mehr dem Stand der Technik und hätten von
Ihrem Unternehmen bereits vor 20 Jahren gegen formstabile
Schläuche ausgetauscht werden müssen!) Diese stoffartigen
Schläuche sind deutlich schwerer zum Einsatz zu bringen:
Zunächst muss man den Schlauch gänzlich von der Haspel
nehmen; dann muss man ihn auslegen, und zwar möglichst,
ohne ihn zu verdrehen. Möglicherweise muss man ihn am einen
Ende am Anschluss an der Wand anschließen (ggf. ist das aber
auch schon geschehen) und am anderen Ende den Löschkopf
anschließen (ggf. ist das aber auch schon geschehen). Nun dreht
man das Handrad an der Wandanschlussstelle auf, aber möglichst nicht brachial, denn das Wasser schießt in den Schlauch
und kann diesen oder das Mundstück (wenn man es nicht fest in
der Hand hält) gegen den Körper schleudern.

Wandhydranten haben eine unendliche Löschmittelquelle, da sie an der Trinkwasserleitung angeschlossen sind, und können das Löschmittel weiter werfen als Handfeuerlöscher.

7.2 Löschtaktik und eigene Grenzen der Brandbekämpfung

Die eigenen Grenzen sind dann schnell erreicht, wenn ein Brand so groß, heiß oder rauchend ist, dass man ihn nicht mehr als „Entstehungsbrand" einstufen kann. Psychologen nennen die Reaktion eines Menschen auf Lebensbedrohliches „Tunnelblick", d. h., man sieht nur noch sich selber und die Gefahr (also das Feuer vor sich) und ist unfähig, überhaupt zu reagieren. Jeder kennt das Beispiel von dem Kaninchen, das starr vor Angst die Schlange anblickt und sich fressen lässt, anstatt wenigstens zu versuchen zu fliehen. Auch wir Menschen sind in Notsituationen häufig überfordert, denn schließlich sind wir sensible Wesen. Doch uns Brandschutzhelfern darf das (zumindest im Brandfall, liebe Kollegen!) nicht passieren – deshalb habe ich dieses Buch geschrieben, und deshalb haben Sie es aufmerksam bis zu dieser Zeile gelesen (und lesen es hoffentlich auch fertig!).

So sehr ich es bevorzuge, bei Problemen (heute auch gern „Aufgaben" oder „Herausforderungen" genannt) sich mit anderen an einen runden Tisch zu setzen und Lösungsvorschläge brainstormartig zusammenzutragen, so wenig halte ich von dieser Taktik im Brandfall. Warum? Weil es darum geht, keine Zeit (wertvolle Sekunden) zu verlieren. Wir müssen schnell und richtig handeln, und das schaffen wir nur, wenn wir uns vorab überlegt haben, was richtig ist. Schnell bedeutet übrigens zügig, nicht hastig – ein elementarer Unterschied!

Feuerwehrleute arbeiten überlegt und zügig, nie hastig!

Zum Ende dieses Abschnitts noch ein wichtiger Hinweis: In ca.
1 % der Fälle kommt es vor, dass ein bereitgestellter Handfeuerlöscher nicht funktionsfähig ist. Sollte Ihnen das passieren, bitte
nicht fünfmal dasselbe versuchen und daran verzweifeln, dass
dieser eine Handfeuerlöscher nicht funktioniert, sondern das
Ding wegwerfen und sich den nächsten Feuerlöscher holen – der
wird mit 99 % Wahrscheinlichkeit nämlich funktionieren. Bitte
nicht unnötig Zeit durch uneffektive Versuche oder unsinnige
Diskussionen vertun – darüber sprechen, warum er nicht
funktionierte, und die richtigen Konsequenzen daraus ziehen,
das machen Sie dann später, gemeinsam mit anderen aus Ihrem
Unternehmen.

7.3 Realitätsnahe Übung mit Feuerlöscheinrichtungen am Simulator

In einem Feuersimulator bläst man meist brennendes Gas
durch Wasser und löscht dann mit Wasser als Feinstrahl oder
auch mit Kohlendioxid. Dass ein Wasserlöscher jetzt auch Gas
(also Brandklasse C) löschen kann, ist interessant – denn die
Industrie, die Wasserfeuerlöscher herstellt, druckt lediglich den
Buchstaben A auf den Löscher und nicht C. Wie und warum
auch immer, man schafft es also, das Feuer auszumachen. Dieses
Feuer ist nicht realistisch, weil es 0 % Rauch erzeugt und weil
wir uns im Freien befinden. Dennoch ist so eine Übung sinnvoll. Während man früher auch mit Schaum und Pulver und auch
brennendes Papier und Holz hat löschen dürfen, ist dies heute
angeblich aus Umweltschutzgründen bei Strafe verboten – ein
Schritt, der nicht unbedingt in die richtige Richtung geht, aber
politisch so gewollt ist. Manchmal wird in der Politik die Nebenwirkung zur Hauptwirkung gemacht – und umgekehrt.

Sehen Sie bei der Übung anderen zu, löschen Sie mit allen
zur Verfügung gestellten Löschmitteln, dosieren Sie das Löschmittel, gehen Sie weiter weg, näher ran, löschen Sie allein und
dann auch mal zu zweit, und – ganz wichtig – hören Sie der den
Einsatz leitenden Person gut zu: Sie hat nämlich jede Menge
Lebens- und Berufserfahrung und kann von zig Bränden, von

falschem Verhalten und eben auch von richtigem Verhalten erzählen. Glauben Sie dieser Person, denn sie hat viel Ahnung und will Ihnen von ihrem Fachwissen möglichst viel vermitteln.

7.4 Wirkungsweise und Leistungsfähigkeit der Feuerlöscheinrichtungen erfahren

Ein Wasserlöscher ist nach ca. 20 s leer geblasen, vielleicht funktioniert er auch 30 s. Ein großer Pulverlöscher schafft ca. 40 s, ebenso ein Löscher mit Kohlendioxid. Aber es geht – wie Sie sehen – um Sekunden, und wir müssen immer im Hinterkopf behalten, dass die Löschmittelmenge leider extrem gering ist. Während wir löschen, kann eine weitere Person ja schon mal einen zweiten Löscher bringen – vielleicht brauchen wir ihn, vielleicht auch nicht.

Fahrbare Löscher sind mindestens einige Minuten einsatzfähig, und Wandhydranten sind einsatzfähig, solange man sie nicht abdreht.

Über die Wirkungsweise haben wir bereits gesprochen: Wasser kühlt, Kohlendioxid verdrängt den Sauerstoff, Schaum deckt ab, und Pulver löscht, indem es abdeckt und eine antikatalytische Reaktion erzeugt. Übrigens, das Löschvermögen fast jedes Löschers wird mit „LE" eingestuft, diese Buchstaben stehen für Löschmitteleinheiten. Tab. 7.1 zeigt, wie viele Löschmitteleinheiten man in Bereichen mit „normaler" Brandgefährdung benötigt.

Die Leistungsfähigkeit von Handfeuerlöschern ist ein Thema, das zum theoretischen Politikum verkommen ist. Damit sehen Sie schon, welche (geringschätzende) Meinung ich dazu habe. Nun gibt es ein System in Deutschland, das von sich behauptet, die Leistungsfähigkeit – auch Löschleistung genannt – beurteilen zu können. Dass dieses System an der gelebten Praxis völlig vorbeigeht und wirklich gute Feuerlöscher schlechter erscheinen lässt, als sie sind, ist schade! Ich will Ihnen das System kurz erläutern, und dann sollen, dürfen und müssen Sie sich bitte selbst einen Eindruck davon machen: Es gibt die Brandklassen A (Feststoffe), B (Flüssigkeiten und flüssig werdende Stoffe), C (Gase), D (Metalle) und F (Speisefette), und für jede dieser Brandklassen gibt es Löschmittel; manche decken auch zwei oder drei davon ab, wie Tab. 7.2 zeigt.

Tab. 7.1 Benötigte Löschmitteleinheiten (LE) bei „normaler" Brandgefährdung (aus ASR A2.2)

Grundfläche	Löschmitteleinheiten
$\leq$50 m^2	6 LE
$\leq$100 m^2	9 LE
$\leq$200 m^2	12 LE
$\leq$300 m^2	15 LE
$\leq$400 m^2	18 LE
$\leq$500 m^2	21 LE
$\leq$600 m^2	24 LE
$\leq$700 m^2	27 LE
$\leq$800 m^2	30 LE
$\leq$900 m^2	33 LE
$\leq$1000 m^2	36 LE
Je + 250 m^2	+6 LE

Tab. 7.2 Brandklassen und Löschmittel

Brandklasse	Löschmittel
A	Wasser, Schaum, ABC-Pulver
B	Schaum, Pulver, Kohlendioxid
C	ABC-Pulver
D	D-Pulver, PyroBubbles*, Sand**
F*	F-Löschmittel

*Das ist ein Produktname. Es handelt sich um eine Siliziumglasart, die als kleine Kügelchen ausgebracht bzw. aufgebracht wird; durch deren Verschmelzung werden z. B. Li-Akkus gelöscht
**Der Sand muss trocken und gesintert sein, sonst könnte der Löschversuch tödlich enden
***Auch mit Schaum und ABC-Pulver kann man eine brennende Fritteuse löschen, doch beim F-Mittel setzt der Löscheffekt schneller ein, ist sicherer und gefährdet die Personen in der Küche deutlich weniger

Um die Löschfähigkeit anzugeben, wird bei A-Bränden gemessen, wie viele Meter von einem brennenden Holzstapel dieser Löscher schafft. Dieser Holzstapel hat Abmessungen von ca. 50 × 56 cm und ist mehrere Meter lang. Schafft der Feuerlöscher 1,3 m davon, dann erhält er die Aufschrift 13 A (Holzstapel mit ca. 0,4 m³!); schafft er 5,5 m (Holzstapel mit ca. 1,5 m³), wird er mit 55 A ausgewiesen. Am Löscher steht also diese Zahl, die man dann mit Tab. 7.3 in Löschleistungen umrechnen muss.

Was weiter oben als zarte Kritik angedeutet wurde ist, dass ein Löscher mit 13 A schlechter gemacht wird, als er ist. Ein Profi (der natürlich sehr effektiv mit dem Löschmittel umgeht – eine Leistung, die wir nicht schaffen werden!) kann also einen brennenden Holzstapel mit den Abmessungen 50 × 56 × 130 cm löschen – meine lieben Freunde, das ist kein Entstehungsbrand mehr, das ist ein gefährlicher, großer Brand! Dieser Löscher ist in der Lage, einen brennenden Weihnachtsbaum (wenn man sich ihm noch nähern kann!), einen Papierkorbbrand und auch ein brennendes Elektrogerät genauso gut und schnell zu löschen wie ein Löscher mit deutlich mehr LE.

Um die Löschfähigkeit anzugeben, wird bei B-Bränden in eine genormte Wanne mit entzündetem n-Heptan (das brennt ähnlich aggressiv wie Spiritus, ist aber nicht so gefährlich explosiv) entzündet. Die Angabe auf dem Löscher zeigt, wie

Tab. 7.3 Löschleistungen der Brandklasse A und B

LE	Brandklasse A	Brandklasse B
1	5 A	21 B
2	8 A	34 B
3	–	55 B
4	13 A	70 B
5	–	89 B
6	21 A	113 B
9	27 A	144 B
10	34 A	–
12	43 A	183 B
15	55 A	233 B

viele Liter davon von einem fähigen Profi gelöscht werden
können; 21 – 233 l sind üblich. Anmerkung: Ob das wirklich
alles noch Entstehungsbrände sind? Ich habe noch nie von einem
Brand mit 21 l oder 233 l n-Heptan gehört, den ein „normaler"
Angestellter mit einem Handfeuerlöscher erfolgreich gelöscht
hat, und ich würde Ihnen das auch nicht empfehlen!
     Sie sehen, wie unreal und praxisfremd diese Angabe ist.
Sollten bei Ihnen im Unternehmen jemals über 100 l einer
brennbaren Flüssigkeit brennen, dann löschen Sie bitte nicht!
Rennen Sie stattdessen um Ihr Leben und alarmieren Sie laut
schreiend alle möglicherweise gefährdeten Personen. Soll
heißen: Dass ein Handfeuerlöscher 89 oder 113 l löschen kann,
ist illusorisch – aber der zuletzt genannte verfügt über sechs
Löschmitteleinheiten und darf deshalb mit seinen Löschmitteleinheiten angerechnet werden, sein etwas kleinerer Bruder nicht!
Sollte es zu einem Flüssigkeitsbrand kommen, dann brennen in
der Realität ja nicht 21 oder mehr Liter in einer offenen Wanne,
sondern vielleicht 1 l Benzin, das gerade ausgelaufen ist und
unter Autos, in Ritzen und hinter Schränke fließt – und schon
ist die Situation völlig anders, als sie sich die am runden Tisch
sitzenden Herren und Damen Theoretiker überlegt haben. Und
plötzlich schafft ein Handfeuerlöscher, der angeblich für 183 l
zugelassen ist, es nicht, das Feuer in den Griff zu bekommen.
     Bei Gasen (Brandklasse C) hat man kein System gefunden,
eine weitgehend objektive Menge zu finden, deshalb gibt es auch
nur die Einstufung „geeignet" (oder eben „nicht geeignet") für
Gasbrände. Überlegen Sie bei Gasbränden immer, ob es wirklich Sinn macht, sie zu löschen, oder ob man das nicht lieber
den Profis der Feuerwehr überlassen sollte. Tritt das Gas nämlich weiter aus und verbrennt es nicht, kann es – z. B. durch
Elektrostatik oder das Schalten in einem elektrischen Gerät – zur
Zündung kommen, und dann brennt es nicht mehr, sondern es
entsteht eine Explosion. Gut ausgebildete Feuerwehrleute können
solche Situationen vermeiden, wir Amateure nicht. Löschmittel,
die für Gasbrände als „nicht geeignet" eingestuft sind, sind nicht
geeignet, das Feuer zu löschen – aber mehr passiert nicht, d. h
deren Löschmittel werden jetzt nicht gefährlich für uns.
     Bei Metallbränden ist es ähnlich wie bei Gasbränden – auch
hier gibt es lediglich die Einstufung „geeignet" (oder eben „nicht

geeignet"). Hier ist – im Gegensatz zu Gasbränden – jedoch zu berücksichtigen, dass alle nicht geeigneten Löschmittel zu tödlichen Verletzungen führen können. Wasser (H_2O) wird aufgrund der extremen Hitze atomar in Wasserstoff (H_2) und Sauerstoff (O) aufgespalten mit dem Erfolg, dass der brennbare Wasserstoff unter jetzt nicht 21 %, sondern 100 % Sauerstoff explosionsartig brennt. Das Löschmittel wird also zum Sprengstoff; bei einem Möbelbrand würde das Wasser verdampfen und dadurch die Temperatur löschend senken.

Bei Fettbrandlöschern steht neben dem Buchstaben F eine Zahl, z. B. 5, d. h., damit kann man eine Fritteuse mit 5 l Fett löschen kann. Selbst kleine Löschsprühdosen können diese Leistung heute mit einigen 100 ml Löschmittel erreichen, und zwar sicher und ohne Eigengefährdung. Die F-Löscher können – abhängig von Quantität und Qualität des Löschmittels – 5 l, 20 l, 40 l oder sogar 75 l brennende Speisefette löschen, und bei Mengen ab einigen Litern, denke ich, müssen wir nicht mehr von einem kleinen Entstehungsbrand sprechen, an den man sich noch gefahrlos annähern kann!

In professionellen Frittieranlagen gibt es schnell über 500 l heißes Fett. Hier sind immer automatische Brandlöschanlagen installiert, und im Brandfall sollte man sich schnellstmöglich aus dem Gefahrenbereich entfernen. Türen schließen (Hinweis: Die Zugangstür muss eine selbstschließende Brandschutztür sein; sie rastet aber ggf. nicht ein, wodurch Rauch und Hitze schädigend nach außen gelangen können!), Kollegen warnen, die Feuerwehr rufen (trotz Löschanlage!); Tab. 7.3 zeigt bei den Brandklassen A und B, welche Löschleistungen und damit Löschmitteleinheiten möglich sind.

Ich als erfahrener Brandschutzingenieur bin der fachlich fundierten Meinung, dass 1 LE – immerhin zum Löschen von angeblich 21 l entzündetem n-Heptan und einem Holzstapel von 0,14 m³ (!) geeignet – völlig ausreichend ist, um einen Entstehungsbrand zu löschen – ob man bei diesen beiden großen Mengen noch von einem „Entstehungsbrand" sprechen kann, darf kritisch hinterfragt werden! Und einen kleineren Elektrobrand (Kaffeemaschine, Wasserkocher) lösche ich übrigens auch gut, sicher und nicht personengefährdend mit einer einzigen guten Löschspraydose – mit der ich nach zwei Jahren noch drei weitere Entstehungsbrände löschen werde! Wer das anders sieht,

darf sich gern (möglichst mit guten Argumenten und bitte nicht
mit Polemik) bei mir melden; schließlich zeichnet das ja eine
Demokratie aus, dass es unterschiedliche Meinungen und Ein-
stufungen gibt – aber liebe Freunde, es gibt neben subjektiven
Meinungen und Geschmäckern eben auch absolute, objektive
Tatsachen! Und aus den genannten Gründen stört oder zumindest
verwundert es mich, dass man Handfeuerlöscher mit weniger
als 2 LE in der ASR A2.2 nach wie vor nicht anerkennt – sind
sie doch handlich, örtlich nahe und hervorragend geeignet, um
kleine Entstehungsbrände besonders schnell und einfach (im
Vergleich zu Handfeuerlöschern) zu löschen.

Übrigens, die Einstufung in „89 B" bedeutet, dass man eben
lediglich 5 LE diesem Feuerlöscher zurechnet (das sind CO_2-
Löscher mit 5 kg Löschmittel), und somit kann man einen
Handfeuerlöscher mit 5 kg CO_2 nur unter fünf Bedingungen als
LE-Zurechnung anerkennen:

1. Man hat lediglich eine sog. normale Brandgefährdung, keine
   erhöhte.
2. Man hat durch den kleinen Löscher eine Gewichtsein-
   sparung von $\geq 25\,\%$. (Die Frage ist, welche weiteren
   Handfeuerlöscher man hierzu ansetzt, denn das dicke
   Aluminiumgehäuse eines Druckgas-Handfeuerlöschers mit
   CO_2 ist deutlich schwerer als das dünne Blechgehäuse von
   einem Wasser-, Schaum- oder Pulverlöscher!)
3. Die Entfernung zum Handfeuerlöscher liegt bei $\leq 10\,m$
   (anstatt $\leq 20\,m$).
4. Man hat jetzt mindestens doppelt so viele aus der Belegschaft
   zum Brandschutzhelfer ausgebildet, also $\geq 10\,\%$ (anstatt
   $\geq 5\,\%$).
5. Man hat je Ebene insgesamt mit allen dort gestellten Handfeuerlöschern ≥ 6 LE.

6 LE bedeutet, dass man – theoretisch – 113 l einer brennenden
Flüssigkeit oder einen Holzstapel mit knapp 0,6 m³ Volumen
löschen kann; und 4 LE bedeutet, dass man immerhin 70 l
brennbarer Flüssigkeit und ca. 364 l Volumen eines brennenden
Holzstapels löschen kann. Ein CO_2-Löscher mit 5 kg erhält

die Einstufung in 5 LE (d. h., er kann – theoretisch – 89 l einer brennenden Flüssigkeit löschen). Nun darf man die Frage stellen, warum man die großen CO_2-Löscher dann nicht mit so viel Löschgas füllt, um eben mindestens 6 LE zu erreichen, und man muss auch die Frage beantworten können, warum ein Handfeuerlöscher, der immerhin 89 l einer brennenden Flüssigkeit löschen kann, als zu wenig effektiv eingestuft wird. Ob da nicht doch wirtschaftliche Gründe und keine fachlichen dahinterstehen? Ich freue mich auf hilflose Antworten, unglaubwürdige Ausreden und wenig fundierte Angriffe … Aber jetzt mal ernst, liebe Kollegen: Es wäre mir noch lieber, wenn man die Gesetzgebung (sprich die neue ASR A2.2) einfach vernünftiger (auch an anderen Stellen), deutlicher und kundenorientierter auslegt. Meiner Meinung nach ist ein Löscher mit 1 LE großartig, denn er schafft es in dem genormten Test, immerhin 21 l brennende Flüssigkeit oder einen Holzstapel von 0,14 m³ zu löschen! Ich freue mich schon auf Zustimmung, und vielleicht finden die Gegner ja auch überzeugende Argumente? Das darf bezweifelt werden!?

▶ **Tipp** In der ASR A2.2 (Fassung vom 2018) sind im Anhang ein paar schlechte und auch ein paar falsche Beispiele für die Ausstattung mit Handfeuerlöschern. Wenn Sie sich mit der Thematik auseinandersetzen wollen, bitte lesen Sie zunächst Kap. 2 bis 6 Kap. und dann die Anhänge und versuchen Sie, bessere Lösungen zu erarbeiten; insbesondere den Feuerwehrleuten sollte das nicht schwerfallen.

7.5 Einweisen in den betrieblichen Zuständigkeitsbereich

Bitte werden Sie aktiv: Gehen Sie zu Ihrem Brandschutzbeauftragten, zu Ihrem Vorgesetzten oder zur Geschäftsführung und fragen, was Sie konkret zu tun haben als Brandschutzhelfer, und zwar zum einen im Normalbetrieb und b) im Falle eines Brands. Und bitte erkundigen Sie sich, wer noch Brandschutzhelfer ist, wer Fluchthelfer oder Brandschutzbeauftragter ist und suchen Sie diese Kontakte. Fragen Sie andere, geben Sie Ihr Wissen weiter – sind Sie kameradschaftlich füreinander da. Dann wird es nicht zu einem Brand kommen und wenn doch, wird das Feuer zügig und effektiv gelöscht werden können.

Mehr kann ich an dieser Stelle zu Punkt nicht sagen, weil ich Ihr Unternehmen mit hoher Wahrscheinlichkeit noch nicht kenne. Aber Sie können mich (oder einen Kollegen) ja mal um Rat fragen – wir haben unseren Beruf gelernt und beraten Sie in Ihrem Sinne und sind keine angestellten Verkaufsingenieure, die Produkte anpreisen, um an Ihnen zu verdienen.

Wesentliches aus der ASR A2.2 – Maßnahmen gegen Brände

8

Es gab mal eine „regelnde Vorgabe" der Berufsgenossenschaften, die die Forderung von Quantität und Qualität der Handfeuerlöscher (BGR 133) regelte; davor hieß diese verächtlich ZH1/201 und galt als eine Verkaufsgenehmigung für möglichst viele Handfeuerlöscher. Nach ein paar mehr oder weniger peinlichen Kleinkriegen zwischen verschiedenen Institutionen wurde diese Regel 2013 aufgelöst, und schließlich kreierte Deutschland die grundsätzlich gute ASR A2.2 (Maßnahmen gegen Brände). Die Titulierung zeigt schon, dass das Thema heute eben etwas breiter gesehen wird. Es geht jetzt nicht mehr lediglich um Handfeuerlöscher, sondern um Maßnahmen, um diese ggf. überhaupt nicht zu benötigen; man hat zum kurativen Verhalten also noch einiges an präventivem Verhalten reingepackt. Wenn auch die Fassung vom Mai 2018 leider nicht die von den Profis erhofften Veränderungen enthielt (denn die ASR A2.2 enthielt Fehler, und die wurden bei der ersten Überarbeitung mehr und nicht weniger!), so darf jedoch darauf gehofft werden, dass diese zukünftig eingearbeitet und die im Anhang eingebauten objektiven Fehler beseitigt werden. Also bitte beim Anhang der ASR A2.2 vorsichtig sein und ihn nicht als Vorbild für die betriebliche Umsetzung wählen.

Nachfolgend soll die ASR A2.2 möglichst ehrlich und interessant zitiert und erläutert werden (Quelle: Technische Regel für Arbeitsstätten: ASR A2.2 Maßnahmen gegen Brände. Ausgabe: Mai 2018 (GMBl 2018, S. 446). https://www.baua.de/

DE/Angebote/Rechtstexte-und-Technische-Regeln/Regelwerk/
ASR/ASR-A2-2.html).

Die Technischen Regeln für Arbeitsstätten werden vom Ausschuss für Arbeitsstätten erarbeitet und vom Bundesministerium für Arbeit und Soziales und im Gemeinsamen Ministerialblatt bekannt gegeben. Sie sind als amtliche Werke gemeinfrei im Sinne des Urheberrechtsgesetzes.

Auf der Homepage https://www.baua.de werden vom Ausschuss für Arbeitsstätten konsolidierte, nicht-amtliche Fassungen veröffentlicht, die ständig aktualisiert werden.

Im Folgenden ist *kursiver* Text immer ein Kommentar von mir, und der Originaltext ist in Normalschrift geschrieben, aber ohne Anführungszeichen:

Die Technischen Regeln für Arbeitsstätten (ASR) geben den Stand der Technik, Arbeitsmedizin und Hygiene sowie sonstige gesicherte arbeitswissenschaftliche Erkenntnisse für das Einrichten und Betreiben von Arbeitsstätten wieder. Sie werden vom Ausschuss für Arbeitsstätten ermittelt bzw. angepasst und vom Bundesministerium für Arbeit und Soziales im gemeinsamen Ministerialblatt bekannt gemacht. Diese ASR A2.2 konkretisiert im Rahmen des Anwendungsbereichs die Anforderungen der Verordnung über Arbeitsstätten. Bei Einhaltung der Technischen Regeln kann der Arbeitgeber insoweit davon ausgehen, dass die entsprechenden Anforderungen der Verordnung erfüllt sind. Wählt der Arbeitgeber eine andere Lösung, muss er damit mindestens die gleiche Sicherheit und den gleichen Gesundheitsschutz für die Beschäftigten erreichen. *Man sieht hier schon sehr gut, dass im Regeltext darauf hingewiesen wird, dass man eigenverantwortlich von der Regel abweichen darf – etwas, was bei Gesetzen grundsätzlich nicht erlaubt bzw. möglich ist. Das bedeutet konkret, wenn man der qualifizierten Meinung ist, dass man z. B. mit weniger Handfeuerlöschern auch zurechtkommt, darf das umgesetzt werden.*

Inhalt
1. Zielstellung
2. Anwendungsbereich
3. Begriffsbestimmungen

4. Eignung von Feuerlöschern und Löschmitteln
5. Ausstattung für alle Arbeitsstätten
6. Ausstattung von Arbeitsstätten mit erhöhter Brandgefährdung
7. Organisation des betrieblichen Brandschutzes
8. Abweichende/ergänzende Anforderungen für Baustellen

Anhang 1 Standardschema zur Festlegung der notwendigen Feuerlöscheinrichtungen
Anhang 2 Beispiele für die Ermittlung der Grundausstattung
Anhang 3 Beispiele für die Abweichung von der Grundausstattung

1. Zielstellung

Diese ASR konkretisiert die Anforderungen an die Ausstattung von Arbeitsstätten mit Brandmelde- und Feuerlöscheinrichtungen sowie die damit verbundenen organisatorischen Maßnahmen für das Betreiben nach § 3a Absatz1, § 4 Absatz 3 und § 6 Absatz 3 einschließlich der Punkte 2.2 und 5.2 Absatz 1 g des Anhangs der Arbeitsstättenverordnung.

2. Anwendungsbereich

1. Diese ASR gilt für das Einrichten und Betreiben von Arbeitsstätten mit Feuerlöscheinrichtungen sowie für weitere Maßnahmen zur Erkennung, Alarmierung sowie Bekämpfung von Entstehungsbränden.
2. Für alle Arbeitsstätten gemäß § 2 der Arbeitsstättenverordnung gelten die Anforderungen und Gestaltungshinweise nach Punkt 5 dieser Regel (Grundausstattung).
3. Für Arbeitsstätten mit normaler Brandgefährdung ist die Grundausstattung ausreichend.
4. Für Arbeitsstätten mit erhöhter Brandgefährdung sind über die Grundausstattung hinaus zusätzlich Maßnahmen nach Punkt 6 dieser Regel erforderlich.

Hinweis: Zusätzliche Anforderungen an die barrierefreie Gestaltung werden zu einem späteren Zeitpunkt als Anhang in die ASRV3a.2 „Barrierefreie Gestaltung von Arbeitsstätten" eingefügt.

3. Begriffsbestimmungen

3.1 **Brandgefährdung** liegt vor, wenn brennbare Stoffe vorhanden sind und die Möglichkeit für eine Brandentstehung besteht.

3.2 **Normale Brandgefährdung** liegt vor, wenn die Wahrscheinlichkeit einer Brandentstehung, die Geschwindigkeit der Brandausbreitung, die dabei freiwerdenden Stoffe und die damit verbundene Gefährdung für Personen, Umwelt und Sachwerte vergleichbar sind mit den Bedingungen bei einer Büronutzung.

3.3 **Erhöhte Brandgefährdung** liegt vor, wenn
   - entzündbare bzw. oxidierende Stoffe oder Gemische vorhanden sind,
   - die örtlichen und betrieblichen Verhältnisse für eine Brandentstehung günstig sind,
   - in der Anfangsphase eines Brandes mit einer schnellen Brandausbreitung oder großen Rauchfreisetzung zu rechnen ist,
   - Arbeiten mit einer Brandgefährdung durchgeführt werden (z. B. Schweißen, Brennschneiden, Trennschleifen, Löten) oder Verfahren angewendet werden, bei denen eine Brandgefährdung besteht (z. B. Farbspritzen, Flammarbeiten) oder
   - erhöhte Gefährdungen vorliegen, z. B. durch selbsterhitzungsfähige Stoffe oder Gemische, Stoffe der Brandklassen D und F, brennbare Stäube, extrem oder leicht entzündbare Flüssigkeiten oder entzündbare Gase.

Hinweis: Die erhöhte Brandgefährdung im Sinne dieser ASR schließt die erhöhte und hohe Brandgefährdung nach der Technischen Regel für Gefahrstoffe TRGS800 „Brandschutzmaßnahmen" ein.

3.4 **Entstehungsbrände** im Sinne dieser Regel sind Brände mit so geringer Rauch- und Wärmeentwicklung, dass noch eine gefahrlose Annäherung von Personen bei freier Sicht auf den Brandherd möglich ist.

3.5 **Brandmelder** dienen dem frühzeitigen Erkennen von Bränden und Auslösen eines Alarms. Dabei wird zwischen automatischen und nichtautomatischen Brandmeldern (Handfeuermeldern) unterschieden.

3.6 **Feuerlöscheinrichtungen** im Sinne dieser Regel sind tragbare oder fahrbare Feuerlöscher, Wandhydranten und weitere handbetriebene Geräte zur Bekämpfung von Entstehungsbränden.

3.7 **Löschvermögen** beschreibt die Leistungsfähigkeit eines Feuerlöschers, ein genormtes Brandobjekt abzulöschen.

3.8 **Löschmitteleinheit (LE)** ist eine eingeführte Hilfsgröße, die es ermöglicht, die Leistungsfähigkeit unterschiedlicher Feuerlöschertypen zu vergleichen und durch Addition das Gesamtlöschvermögen von mehreren Feuerlöschern zu ermitteln.

3.9 **Brandschutzhelfer** sind die Beschäftigten, die der Arbeitgeber für Aufgaben der Brandbekämpfung bei Entstehungsbränden benannt hat.

3.10 **Brandschutzbeauftragte** sind Personen, die vom Arbeitgeber bestellt werden und ihn zu Themen des betrieblichen Brandschutzes beraten und unterstützen.

4. Eignung von Feuerlöschern und Löschmitteln

4.1 Brandklassen

Feuerlöscher bzw. Löschmittel werden vom Hersteller entsprechend der Eignung einer oder mehreren Brandklassen zugeordnet. Diese Zuordnung ist auf dem Feuerlöscher mit Piktogrammen angegeben.

Im Folgenden sind die Brandklassen nach DIN EN 2:2005-01 „Brandklassen" aufgelistet. (Die Abbildungen der Piktogramme nach DIN EN 3-7:2007-10 „Tragbare Feuerlöscher – Teil 7:

Eigenschaften, Leistungsanforderungen und Prüfungen" wurden aus urheberrechtlichen Gründen entfernt):

Brandklasse A: Brände fester Stoffe (hauptsächlich organischer Natur), verbrennen normalerweise unter Glutbildung
Beispiele: Holz, Papier, Stroh, Textilien, Kohle, Autoreifen
Brandklasse B: Brände von flüssigen oder flüssig werdenden Stoffen
Beispiele: Benzin, Öle, Schmierfette, Lacke, Harze, Wachse, Teer
Brandklasse C: Brände von Gasen
Beispiele: Methan, Propan, Wasserstoff, Acetylen, Erdgas
Brandklasse D: Brände von Metallen
Beispiele: Aluminium, Magnesium, Lithium, Natrium, Kalium und deren Legierungen
Brandklasse F: Brände von Speiseölen und -fetten (pflanzliche oder tierische Öle und Fette) in Frittier- und Fettbackgeräten und anderen Kücheneinrichtungen und -geräten

Für Brände von elektrischen Anlagen und Betriebsmitteln wird in DIN EN 2:2005-01 „Brandklassen" keine eigenständige Brandklasse ausgewiesen. Feuerlöscher nach DIN EN 3-7:2007-10 „Tragbare Feuerlöscher – Teil 7: Eigenschaften, Leistungs-anforderungen und Prüfungen", die für die Brandbekämpfung im Bereich elektrischer Anlagen geeignet sind, werden mit der maximalen Spannung und dem notwendigen Mindestabstand gekennzeichnet, z. B. bis 1000 V, Mindestabstand 1 m.

4.2 Löschvermögen, Löschmitteleinheiten

(1)   Das Löschvermögen wird durch eine Zahlen-Buchstaben-kombination auf dem Feuerlöscher angegeben. In dieser Zahlen-Buchstabenkombination bezeichnet die Zahl die Größe des erfolgreich abgelöschten Norm-Prüfobjektes und der Buchstabe die Brandklasse.

Hinweise:

1. Die Buchstaben A, B, F bezeichnen die jeweilige Brandklasse, für die der Feuerlöscher geeignet ist. Die davor
stehenden Zahlen 21 A, 113B, 75 F in Abb. 1 (aus urheberrechtlichen Gründen entfernt, Anm. des Verlags) geben das
Löschvermögen in der jeweiligen Brandklasse, bestimmt an
einem Norm-Prüfobjekt entsprechender Größe, an. *Bei A ist
das ein Holzstapel von ca. 50 cm × 56 cm, und die Angabe
beim Buchstaben A sagt dann, wie viele Dezimeter (dm)
davon gelöscht werden können. Wenn also 55 A auf dem
Löscher steht, schafft man theoretisch 5,5 m × 50 cm × 56 cm,
also ein Volumen von ca. 1,54 m³ – wohl kein Entstehungsbrand mehr! Beim Buchstaben B wird n-Heptan in Liter in
einer Wanne gelöscht. 233 B bedeutet demzufolge, dass man
233 l damit löschen könnte – ob das dann noch ein Entstehungsbrand ist, darf hinterfragt werden.*
2. Es kann für die Brandklassen A und B mit Hilfe der Tab. 8.1
in Löschmitteleinheiten (LE) umgerechnet werden.
3. Für die Brandklassen C und D wird nur die Eignung des
Feuerlöschers ohne Bestimmung des Löschvermögens festgestellt.
4. Für die Brandklasse F gibt die Zahl 75 in Abb. 1 (aus urheberrechtlichen Gründen entfernt, Anm. des Verlags) an, dass
unter Prüfbedingungen ein Brand mit einem Volumen von
75 Litern Speisefett/-öl erfolgreich abgelöscht werden kann.
Feuerlöscher der Brandklasse F sind mit einem Löschvermögen von 5 F, 25 F, 40 F und 75 F erhältlich. Eine
Umrechnung in Löschmitteleinheiten (LE) erfolgt nicht.

(2)   Da das Löschvermögen nicht addiert werden kann, wird
zur Berechnung der Anzahl der erforderlichen Feuerlöscher für die Brandklassen A und B eine Hilfsgröße,
die „Löschmitteleinheit (LE)" verwendet. Dem im Versuch ermittelten Löschvermögen der Feuerlöscher wird
dadurch eine bestimmte Anzahl von Löschmitteleinheiten
zugeordnet, siehe Tab. 8.1. Diese Werte können dann je
Brandklasse addiert werden.

Tab. 8.1 Zuordnung des Löschvermögens zu Löschmitteleinheiten (Zuordnung von Feuerlöschern der Grundausstattung gemäß Punkt 5.2)

LE	Löschvermögen (Ranking gemäß DIN EN 3-7:2007-10)	
	Brandklasse A	Brandklasse B
1	5A	21B
2	8A	34B
3		55B
4	13A	70B
5		89B
6	21A	113B
9	27A	144B
10	34A	
12	43A	183B
15	55A	233B

(3) Werden Feuerlöscher für verschiedene Brandklassen bereitgestellt, dann muss das Löschvermögen für jede der vorhandenen Brandklassen ausreichend sein.

5. Ausstattung für alle Arbeitsstätten

5.1 Branderkennung und Alarmierung

(1) Der Arbeitgeber hat durch geeignete Maßnahmen sicherzustellen, dass die Beschäftigten im Brandfall unverzüglich gewarnt und zum Verlassen von Gebäuden oder gefährdeten Bereichen aufgefordert werden können. Die Möglichkeit zur Alarmierung von Hilfs- und Rettungskräften muss gewährleistet sein.

(2) Brände können durch Personen oder Brandmelder erkannt und gemeldet werden. Brandmelder dienen der frühzeitigen Erkennung von Bränden. Dies trägt maßgeblich zum Löscherfolg und zur rechtzeitigen Einleitung von Evakuierungs- und Rettungsmaßnahmen bei. Als Brandmelder werden

technische Geräte zum Auslösen eines Alarms im Falle eines Brandes bezeichnet. Dabei wird unterschieden zwischen automatischen Brandmeldern, welche einen Brand anhand seiner Eigenschaften (z. B. Rauch, Temperatur, Flamme) erkennen, und nichtautomatischen Brandmeldern, die von Hand betätigt werden (Handfeuermelder). Der Alarm kann dem Warnen der anwesenden Personen oder dem Herbeirufen von Hilfe (z. B. Sicherheitspersonal, Feuerwehr) dienen.

(3) Geeignete Maßnahmen zur Alarmierung von Personen sind z. B.:

- Brandmeldeanlagen mit Sprachalarmanlagen (SAA) oder akustische Signalgeber (z. B. Hupen, Sirenen),
- Hausalarmanlagen,
- Elektroakustische Notfallwarnsysteme(ENS),
- optische Alarmierungsmittel,
- Telefonanlagen,
- Megaphone,
- Handsirenen,
- Zuruf durch Personen oder
- personenbezogene Warneinrichtungen.

(4) Technische Maßnahmen sind vorrangig umzusetzen. Dabei sind automatische Brandmelde- und Alarmierungseinrichtungen zu bevorzugen. Die Notwendigkeit von technischen Alarmierungsanlagen ergibt sich aus der Gefährdungsbeurteilung, z. B. wenn Ruf- und Sichtverbindungen oder räumliche Gegebenheiten eine Warnung der gefährdeten Personen nicht erlauben bzw. sich Handlungsbedarf aus den Räumungsübungen nach ASR A2.3 „Fluchtwege und Notausgänge, Flucht- und Rettungsplan" oder aus Auflagen von Behördenergibt.

5.2 Grundausstattung mit Feuerlöscheinrichtungen

(1) Der Arbeitgeber hat Feuerlöscheinrichtungen nach Art und Umfang der im Betrieb vorhandenen brennbaren Stoffe, der Brandgefährdung und der Grundfläche der Arbeitsstätte

in ausreichender Anzahl bereitzustellen. Für die Ermittlung der Art und Anzahl der erforderlichen Feuerlöscher kann die Arbeitsstätte in Teilbereiche unterteilt werden, sofern dies wegen der baulichen Gegebenheiten oder der Nutzungsbedingungen sinnvoll oder erforderlich ist. Die zu einer Arbeitsstätte gehörenden Teilbereiche können in unterschiedliche Brandgefährdungen eingestuft sein. Im Regelfall hat der Arbeitgeber bei der Grundausstattung als Feuerlöscheinrichtungen Feuerlöscher nach DINEN3-7:2007–10 „Tragbare Feuerlöscher, Teil7: Eigenschaften, Leistungsanforderungen und Prüfungen" bereitzustellen. Ein allgemeines Lösungsschema zur Festlegung der Ausstattung der Arbeitsstätte enthält Anhang 1; Ausführungsbeispiele für die Grundausstattung sind im Anhang 2 und für die Abweichung von der Grundausstattung im Anhang 3 dargestellt.

(2)   In allen Arbeitsstätten ist für die Grundausstattung die für einen Bereich erforderliche Anzahl von Feuerlöschern mit dem entsprechenden Löschvermögen für die Brandklassen A und B nach den Tab. 8.1 und 8.2 zu ermitteln. Ausgehend von der Grundfläche (Summe der Grundflächen aller Ebenen) der Arbeitsstätte gemäß Tab. 8.2 sind die erforderlichen Löschmitteleinheiten zu ermitteln. Aus Tab. 8.1 ist dann die entsprechende Art, Anzahl und Größe der Feuerlöscher entsprechend ihrem Löschvermögen zu entnehmen, wobei die Summe der Löschmitteleinheiten mindestens der aus der Tab. 8.2 entnommenen Zahl je Brandklasse entsprechen muss. Flächen im Freien (z. B. Grünanlagen, Verkehrswege) können bei der Ermittlung der Grundausstattung unberücksichtigt bleiben.

Für die Grundausstattung werden im Regelfall nur Feuerlöscher angerechnet, die jeweils über mindestens 6 Löschmitteleinheiten (LE) verfügen. Abweichend davon können für die Grundausstattung bei normaler Brandgefährdung auch Feuerlöscher, die jeweils nur über mindestens 2 Löschmitteleinheiten (LE) verfügen, angerechnet werden, wenn:

Tab. 8.2 Löschmitteleinheiten in Abhängigkeit von der Grundfläche der Arbeitsstätte

Grundfläche bis ... m²	Löschmitteleinheiten (LE]
50	6
100	9
200	12
300	15
400	18
500	21
600	24
700	27
800	30
900	33
1000	36
Je weitere 250	+6

- sich hierdurch eine Vereinfachung in der Bedienung ergibt, z. B. durch mindestens 25 % Gewichtsersparnis je Feuerlöscher,
- die Zugriffszeit, z. B. durch Halbierung der maximalen Entfernung zum nächstgelegenen Feuerlöscher nach Punkt 5.3,reduziert wird und
- die Anzahl der Brandschutzhelfer nach Punkt 7.3 verdoppelt wird.

In mehrgeschossigen Gebäuden sind in jedem Geschoss mindestens 6 Löschmitteleinheiten (LE) bereitzustellen. Um tragbare Feuerlöscher einfach handhaben zu können, soll

- auf ein geringes Gerätegewicht sowie
- innerhalb eines Bereiches auf gleiche Funktionsweise der Geräte bei Auslöse- und Unterbrechungseinrichtungen

geachtet werden.

Hinweise:

1. Bei der Auswahl der Feuerlöscher sollten auch mögliche Folgeschäden durch die Löschmittel berücksichtigt werden.
2. Bei dem Einsatz von Kohlendioxid (CO_2) als Löschmittel sind Gesundheitsgefahren durch zu hohe CO_2-Konzentrationen zu berücksichtigen.
3. Sind in einem Gebäude Arbeitsstätten verschiedener Arbeitgeber vorhanden, können vorhandene Feuerlöscher gemeinsam genutzt werden. Dabei hat jeder Arbeitgeber sicherzustellen, dass für seine Beschäftigten der Zugriff zu den erforderlichen Feuerlöschern jederzeit gewährleistet ist.

5.3 Anforderungen an die Bereitstellung von Feuerlöscheinrichtungen

Der Arbeitgeber hat sicherzustellen, dass in Arbeitsstätten:

- Feuerlöscher gut sichtbar und leicht erreichbar angebracht sind,
- Feuerlöscher vorzugsweise in Fluchtwegen, im Bereich der Ausgänge ins Freie, an den Zugängen zu Treppenräumen oder an Kreuzungspunkten von Verkehrswegen/Fluren angebracht sind,
- die Entfernung von jeder Stelle zum nächstgelegenen Feuerlöscher nicht mehr als 20 m (tatsächliche Laufweglänge) beträgt, um einen schnellen Zugriff zu gewährleisten,
- Feuerlöscher vor Beschädigungen und Witterungseinflüssen geschützt aufgestellt sind, z. B. durch Schutzhauben, Schränke, Anfahrschutz; dies kann z. B. bei Tankstellen, in Tiefgaragen oder nicht allseitig umschlossenen baulichen Anlagenerforderlich sein,
- Feuerlöscher so angebracht sind, dass diese ohne Schwierigkeiten aus der Halterung entnommen werden können; für die Griffhöhe haben sich 0,80 m bis 1,20 m als zweckmäßig erwiesen,

- die Standorte von Feuerlöschern durch das Brandschutzzeichen F001 „Feuerlöscher" entsprechend ASRA1.3 „Sicherheits- und Gesundheitsschutzkennzeichnung" gekennzeichnet sind. In unübersichtlichen Arbeitsstätten ist der nächstgelegene Standort eines Feuerlöschers gut sichtbar durch das Brandschutzzeichen F001„Feuerlöscher" in Verbindung mit einem Zusatzzeichen „Richtungspfeil" anzuzeigen. Besonders in lang gestreckten Räumen oder Fluren sollen Brandschutzzeichen in Laufrichtung jederzeit erkennbar sein, z. B. durch den Einsatz von Fahnen- oder Winkelschildern,
- weitere Feuerlöscheinrichtungen ebenfalls entsprechend ASR A1.3 „Sicherheits- und Gesundheitsschutzkennzeichnung" gekennzeichnet sind (z. B. für Wandhydranten: Brandschutzzeichen F002 „Löschschlauch"),
- die Erkennbarkeit der notwendigen Brandschutzzeichen auf Fluchtwegen ohne Sicherheitsbeleuchtung durch Verwendung von langnachleuchtenden Materialien entsprechend ASR A1.3 erhalten bleibt und
- die Standorte der Feuerlöscheinrichtungen in den Flucht- und Rettungsplan entsprechend ASRA2.3 „Fluchtwege und Notausgänge, Flucht- und Rettungsplan" aufgenommen sind.

6. Ausstattung von Arbeitsstätten mit erhöhter Brandgefährdung

6.1 Feststellung der erhöhten Brandgefährdung
Werden im Rahmen der Gefährdungsbeurteilung Bereiche mit erhöhter Brandgefährdung festgestellt, hat der Arbeitgeber neben der Grundausstattung nach Punkt 5.2 und den Grundanforderungen für die Bereitstellung nach Punkt 5.3 zusätzliche betriebs- und tätigkeitsspezifische Maßnahmen zu ergreifen (siehe Punkt 6.2). Von erhöhter Brandgefährdung kann z. B. in folgenden Arbeitsstätten oder bei folgenden Tätigkeiten ausgegangen werden (siehe Tab. 8.3):

Tab. 8.3 Beispielhafte Aufzählung von Bereichen und Tätigkeiten in Arbeitsstätten mit erhöhter Brandgefährdung

1	Verkauf, Handel, Lagerung	
	Ausstellungen für Möbel	Lösemittellager
	Speditionslager	Lager mit Lacken
	Altpapierlager	Baumwolllager
	Holzlager	Schaumstofflager
	Lagerbereiche für Verpackungsmaterial	Lager mit sonstigem brennbaren Material
	Lager mit extrem oder leicht entzündbaren Stoffen oder Gemischen	Verkaufsräume mit erhöhten Brandgefährdungen
	Lager mit extrem oder leicht entflammbaren Stoffen oder Gemischen	Lager für Recyclingmaterial und Sekundärbrennstoffe
	Heimwerkermarkt	Baumarkt
2	Dienstleistung	
	Kinos	Diskotheken
	Abfallsammelräume	Küchen
	Beherbergungsbetriebe	Theaterbühnen
	Technische und naturwissenschaftliche Bereiche in Bildungs- und Forschungseinrichtungen	Tank- und Tankfahrzeugreinigung
	Chemische Reinigung	Wäscherei
	Altenheim	Pflegeheim
	Werkstätten für Menschen mit Behinderungen	Krankenhäuser

(Fortsetzung)

Tab. 8.3   (Fortsetzung)

3	Industrie	
	Möbelherstellung	Spanplattenindustrie
	Webereien	Spinnereien
	Herstellung von Papier im Trockenbereich	Verarbeitung von Papier
	Getreidemühlen	Futtermittelproduktion
	Schaumstoffherstellung	Dachpappenherstellung
	Verarbeitung von brennbaren Lacken	Verarbeitung von brennbaren Klebern
	Lackieranlagen und -geräte	Pulverbeschichtungsanlagen und -geräte
	Öl-Härtereien	Druckereien
	Petrochemische Anlagen	Verarbeitung von brennbaren Chemikalien
	Lederverarbeitung	Kunststoffverarbeitung
	Kunststoff-Spritzgießerei	Kartonagenherstellung
	Backwarenfabrik	Herstellung von Maschinen und Geräten
4	Handwerk	
	KFZ-Werkstatt	Tischlerei
	Schreinerei	Polsterei
	Metallverarbeitung	Galvanik
	Vulkanisierung	Lederverarbeitung
	Kunstlederverarbeitung	Textilverarbeitung
	Backbetrieb	Elektrowerkstatt

6.2 Zusätzliche Maßnahmen bei erhöhter Brandgefährdung

(1)   Über die Grundausstattung hinausgehende zusätzliche Maßnahmen in Bereichen mit erhöhter Brandgefährdung sind z. B.:

- die Ausrüstung von Bereichen mit Brandmeldeanlagen zur frühzeitigen Erkennung von Entstehungsbränden,
- die Erhöhung der Anzahl der Feuerlöscher und deren gleichmäßige Verteilung in Bereichen mit erhöhter Brandgefährdung, um die maximale Entfernung zum nächstgelegenen Feuerlöscher und dadurch die Zeit bis zum Beginn der Entstehungsbrandbekämpfung zu verkürzen,
- die Anbringung mehrerer gleichartiger und baugleicher Feuerlöscher an einem Standort in Bereichen mit erhöhter Brandgefährdung, um bei ausreichend anwesenden Beschäftigten zur Entstehungsbrandbekämpfung durch gleichzeitigen Einsatz mehrerer Feuerlöscher einen größeren Löscheffekt zu erzielen,
- die Bereitstellung von zusätzlichen, für die vor Ort vorhandenen Brandklassen geeigneten Feuerlöscheinrichtungen in Bereichen oder an Arbeitsplätzen mit erhöhter Brandgefährdung, um eine schnelle und wirksame Entstehungsbrandbekämpfung zu ermöglichen, z. B. Kohlendioxidlöscher in Laboren, Fettbrandlöscher an Fritteusen und Fettbackgeräten, fahrbare Feuerlöscher mit einer höheren Wurfweite und Löschleistung an Tanklagern mit brennbaren Flüssigkeiten, Wandhydranten in Gebäuden, bei denen eine hohe Löschleistung für die Entstehungsbrandbekämpfung oder zur Kühlung benötigt wird oder
- Maßnahmen, die nach der Technischen Regel für Gefahrstoffe TRGS 800 „Brandschutzmaßnahmen" für Tätigkeiten mit Gefahrstoffen nötig sind.

(2) Die wegen der erhöhten Brandgefährdung einzusetzenden Löscheinrichtungen sind so anzuordnen, dass sie auch schnell zum Einsatz gebracht werden können. Daher sind insbesondere in der Nähe der folgenden Stellen Feuerlöscheinrichtungen zu positionieren:
  - Bearbeitungsmaschinen mit erhöhter Zündgefahr,
  - erhöhte Brandlasten oder
  - Räume, die wegen der erhöhten Brandgefahr brandschutztechnisch abgetrennt werden.

Dabei ist sicherzustellen, dass:

- das Löschmittel der Brandklasse angepasst ist,
- die Löschmittelmenge ausreichend ist, um einen Entstehungsbrand dieser Gefährdung abzudecken und
- die Feuerlöscheinrichtung so positioniert ist, dass sie im Falle eines Brandausbruchs in Bereichen mit erhöhter Brandgefährdung noch ohne Gefährdung vom Beschäftigten schnell (in der Regel nicht größer als 5 m, maximal 10 m tatsächliche Laufweglänge) erreicht werden kann.

(3)   Ortsfeste Brandbekämpfungsanlagen (z. B. Sprinkleranlagen, Sprühwasserlöschanlagen, Feinsprühlöschanlagen, Schaum-, Pulver- oder Gaslöschanlagen) sind zusätzliche, also über die Grundausstattung hinaus gehende Maßnahmen des Brandschutzes. Sie sind vorrangig z. B. dann erforderlich, wenn:
- eine Brandbekämpfung mit Feuerlöscheinrichtungenwegen der Eigengefährdung nicht möglich ist oder
- die Bereiche nicht zugänglich sind.

Hinweis: Für Tätigkeiten mit Gefahrstoffen sind die Maßnahmen des Brandschutzes nach der Technischen Regel für Gefahrstoffe, TRGS 800 „Brandschutzmaßnahmen" und für die Verwendung von Arbeitsmitteln die Maßnahmen zum Brand- und Explosionsschutz nach der Betriebssicherheitsverordnung zu beachten.

7. Organisation des betrieblichen Brandschutzes

7.1 Organisatorische Brandschutzmaßnahmen

(1)   Der Arbeitgeber hat die notwendigen Maßnahmen gegen Entstehungsbrände einschließlich der Verhaltensregeln im Brandfall (z. B. Evakuierung von Gebäuden) festzulegen und zu dokumentieren.

Hinweis: Informationen zur Evakuierung von Gebäuden sind in der ASR A2.3 „Fluchtwege und Notausgänge, Flucht- und Rettungsplan" enthalten.

(2)   Die Maßnahmen für alle Personen, die sich in der Arbeitsstätte aufhalten, sind an gut zugänglicher Stelle in geeigneter Form auszuhängen, wenn:

- erhöhte Brandgefährdung vorliegt,
- der Aushang eines Flucht- und Rettungsplanes nach ASR A2.3 „Fluchtwege und Notausgänge, Flucht- und Rettungsplan" erforderlich ist oder
- sich häufig Besucher oder Fremdfirmen in der Arbeitsstätte aufhalten, insbesondere wenn sie nicht begleitet sind.

Dies kann z. B. als

- Brandschutzordnung Teil A nach DIN14096:2014-05 „Brandschutzordnung
- Regeln für das Erstellen und das Aushängen" oder
- „Regeln für das Verhalten im Brandfall" im grafischen Teil des Flucht- und Rettungsplans nach ASRA1.3 „Sicherheits- und Gesundheitsschutzkennzeichnung"

erfolgen.

(3)   Die Maßnahmen für alle Beschäftigten sind diesen durch Auslegen oder in elektronischer Form zugänglich zu machen. Dies kann z. B. in Form der Brandschutzordnung Teil B nach DIN 14096:2014-05 „Brandschutzordnung -Regeln für das Erstellen und das Aushängen" erfolgen.

(4)   Die Maßnahmen für Beschäftigte mit besonderen Aufgaben im Brandschutz, soweit diese vorhanden sind (z. B. Brandschutzbeauftragte), sind diesen gegen Nachweis gegebenenfalls auch elektronisch bekannt zu machen. Dies kann z. B. in Form der Brandschutzordnung Teil C nach DIN14096:2014-05 „Brandschutzordnung -Regeln für das Erstellen und das Aushängen" erfolgen.

7.2 Unterweisung

Der Arbeitgeber hat alle Beschäftigten über die nach Punkt 7.1 festgelegten Maßnahmen:

- vor Aufnahme der Beschäftigung,
- bei Veränderung des Tätigkeitsbereiches und
- danach in angemessenen Zeitabständen, mindestens jedoch einmal jährlich, zu unterweisen.

7.3 Brandschutzhelfer

(1) Der Arbeitgeber hat eine ausreichende Anzahl von Beschäftigten durch Unterweisung und Übung im Umgang mit Feuerlöscheinrichtungen zur Bekämpfung von Entstehungsbränden vertraut zu machen.

(2) Die Anzahl von Brandschutzhelfern ergibt sich aus der Gefährdungsbeurteilung. Ein Anteil von 5 % der Beschäftigten ist in der Regel ausreichend. Eine größere Anzahl von Brandschutzhelfern kann z. B. in Bereichen mit erhöhter Brandgefährdung, bei der Anwesenheit vieler Personen, Personen mit eingeschränkter Mobilität sowie bei großer räumlicher Ausdehnung der Arbeitsstätte erforderlich sein.

(3) Bei der Anzahl der Brandschutzhelfer sind auch Schichtbetrieb und Abwesenheit einzelner Beschäftigter, z. B. Fortbildung, Urlaub und Krankheit, zu berücksichtigen.

(4) Die Brandschutzhelfer sind im Hinblick auf ihre Aufgaben fachkundig zu unterweisen. Zum Unterweisungsinhalt gehören neben den Grundzügen des vorbeugenden Brandschutzes Kenntnisse über die betriebliche Brandschutzorganisation, die Funktions- und Wirkungsweise von Feuerlöscheinrichtungen, die Gefahren durch Brände sowie über das Verhalten im Brandfall.

(5) Praktische Übungen (Löschübungen) im Umgang mit Feuerlöscheinrichtungen gehören zur fachkundigen Unterweisung der Brandschutzhelfer. Es wird empfohlen, die Unterweisung mit Übung in Abständen von 3 bis 5 Jahren zu wiederholen.

7.4 Brandschutzbeauftragte

Ermittelt der Arbeitgeber eine erhöhte Brandgefährdung, kann die Benennung eines Brandschutzbeauftragten zweckmäßig sein. Dieser berät und unterstützt den Arbeitgeber zu Themen des betrieblichen Brandschutzes.

Hinweis: Die Notwendigkeit zur Bestellung eines Brandschutzbeauftragten kann sich auch aus anderen Rechtsvorschriftenergeben.

7.5 Instandhaltung und Prüfung

7.5.1 Brandmelde- und Feuerlöscheinrichtungen

(1) Der Arbeitgeber hat Brandmelde- und Feuerlöscheinrichtungen unter Beachtung der Herstellerangaben in regelmäßigen Abständen sachgerecht instand zu halten und auf ihre Funktionsfähigkeit prüfen zu lassen. Die Ergebnisse sind zu dokumentieren.

(2) Werden keine Mängel festgestellt, ist dies auf der Feuerlöscheinrichtung kenntlich zu machen, z. B. durch Anbringen eines Instandhaltungsnachweises.

(3) Werden Mängel festgestellt, durch welche die Funktionsfähigkeit der Feuerlöscheinrichtung nicht mehr gewährleistet ist, hat der Arbeitgeber unverzüglich zu veranlassen, dass die Feuerlöscheinrichtung instandgesetzt oder ausgetauscht wird.

7.5.2 Besondere Regelungen für Feuerlöscher

(1) Die Bauteile von Feuerlöschern sowie die im Feuerlöscher enthaltenen Löschmittel können im Laufe der Zeit unter den äußeren Einflüssen am Aufstellungsort (wie Temperatur, Luftfeuchtigkeit, Verschmutzung, Erschütterung oder unsachgemäße Behandlung) unbrauchbar werden. Zur Sicherstellung der Funktionsfähigkeit sind Feuerlöscher daher alle zwei Jahre durch einen Fachkundigen zu warten. Lässt der Hersteller von der genannten Frist abweichende längere Fristen für die Instandhaltung zu, können diese vom

Hinweise:

Arbeitgeber herangezogen werden. Kürzere vom Hersteller genannte Fristen sind zu beachten.

1. Fachkundige zur Wartung von Feuerlöschern sind insbesondere Sachkundige gemäß DIN 14406-4:2009-09 „Tragbare Feuerlöscher – Teil 4: Instandhaltung".

2. Von der Wartung durch den Fachkundigen bleiben die wiederkehrenden Prüfungen der Feuerlöscher (Druckprüfung) durch eine befähigte Person nach der Betriebssicherheitsverordnung unberührt.

(2) Bei starker Beanspruchung, z. B. durch Umwelteinflüsse oder mobilen Einsatz, können kürzere Zeitabstände erforderlich sein.

Hinweis: Für die erforderlichen Arbeitsschritte wird auf das bvfa-Merkblatt „Arbeitsschritte bei der Instandhaltung von tragbaren Feuerlöschern", Ausgabe 2016-09(01) verwiesen.

8. Abweichende/ergänzende Anforderungen für Baustellen

(1) Die Anforderungen in den Punkten 5.2 und 7.3 gelten auf Baustellen nur für stationäre Baustelleneinrichtungen, z. B. Baubüros, Unterkünfte oder Werkstätten.

(2) Werden auf Baustellen Tätigkeiten mit einer erhöhten Brandgefährdung nach Punkt 6.1 durchgeführt, ist dort bei Tätigkeiten mit einer Brandgefährdung (z. B. Schweißen, Brennschneiden, Trennschleifen, Löten) oder bei der Anwendung von Verfahren, bei denen eine Brandgefährdung besteht (z. B. Farbspritzen, Flammarbeiten) für jedes der dabei eingesetzten und eine erhöhte Brandgefährdung auslösenden Arbeitsmittel ein Feuerlöscher für die entsprechenden Brandklassenmit mindestens 6 LE in unmittelbarer Nähe bereitzuhalten.

(3) Abweichend von Punkt 7.3 Absätze 1 bis 3 sind sämtliche Personen, die mit den vorgenannten Arbeitsmitteln tätig

werden, theoretisch und praktisch im Umgang mit Feuerlöschern nach Punkt 7.3 Absätze 4 und 5 zu unterweisen.

(4) Baustellen mit besonderen Gefährdungen (z. B. Untertage-
baustellen, Hochhausbau) erfordern zusätzliche Maßnahmen
gegen Brände nach Punkt 6.2.

Ausgewählte Literaturhinweise

- Technische Regeln für Gefahrstoffe (TRGS) 800 „Brandschutzmaßnahmen"
- DGUV Information 205-003 Aufgaben, Qualifikation, Ausbildung und Bestellung von Brandschutzbeauftragten 12/2020
- DGUV Information 205-023 Brandschutzhelfer 02/2014

Anhang 1
Standardschema zur Festlegung der notwendigen Feuerlöscheinrichtungen

1. Schritt: Ermittlung der vorhandenen Brandklassen nach Tab. 1
2. Schritt: Ermittlung der Brandgefährdung (siehe auch Tab. 8.3).
3. Schritt: Ermittlung der Löschmitteleinheiten (LE) in Abhängigkeit von der Grundfläche für die in allen Arbeitsstätten notwendige Grundausstattung mit Feuerlöscheinrichtungen nach Tab. 8.2
4. Schritt: Festlegung der für die Grundausstattung notwendigen Anzahl der Feuerlöscheinrichtungen entsprechend den Löschmitteleinheiten (LE) nach Tab. 8.1
5. Schritt: Gegebenenfalls Festlegung von zusätzlichen Maßnahmen, insbesondere nach Punkt 6.2,bei erhöhter Brandgefährdung.

Anhang 2
Beispiele für die Ermittlung der Grundausstattung

Beispiel 2.1
Bürobetrieb
    Brandklassen A und B *Die Brandklasse B wird hier nicht gesehen, denn Kunststoffe, die bereits flüssig sind und brennen,*

*kann man guten Gewissens nicht mehr als „Entstehungsbrand"
einstufen, d. h., hier sollte man nicht mehr löschen (und sein
Leben gefährden)!* Wasserlöscher, also Brandklasse A, wären
hier ausreichend.

Grundfläche: 500 m^2

Ergebnis der Gefährdungsbeurteilung: normale Brandgefährdung

→ Grundausstattung mit Feuerlöschern gemäß Tab. 8.2:
Tab. 8.2 ergibt bis 500 m^2 21 LE. Gewählt werden Pulverlöscher
mit Löschvermögen 21 A 113B, was nach Tab. 8.1 für diesen
Feuerlöschertyp 6 LE entspricht. Es sind demnach 21 LE, geteilt
durch 6, also 4 Feuerlöscher dieses Typs erforderlich. *Hier
wird gegen den Hinweis 1 bei 5.2 verstoßen, dass man Lösch-
mittelschäden berücksichtigen sollte. Das ABC-Pulver deckt die
Brandklasse C mit ab, was zum einen unnötig und zum anderen
schädigend ist. Der Feuerversicherer hat in den Allgemeinen
Versicherungsbedingungen sinngemäß stehen, dass Löschmittel-
schäden nur dann komplett mitversichert sind, wenn sie nicht
unverhältnismäßig groß werden, und das würde hier passieren;
die Verhältnismäßigkeit der Mittel ist heranzuziehen. Wasserlöscher oder Schaulöscher und ggf. ein Löscher für die EDV mit
CO_2, das wäre in diesem Fall richtig – nicht mehr, aber auch
nicht weniger.*

Beispiel 2.2
Kindertagesstätte mit 4 Gruppen

Brandklasse: A

Grundfläche: 538 m^2

Ergebnis der Gefährdungsbeurteilung: normale Brandgefährdung

Brandschutzhelfer: alle Beschäftigten sind ausgebildet

→ Grundausstattung mit Feuerlöschern gemäß Tab. 8.2:
Tab. 8.2 ergibt bis 600 m^2, also 24 LE. Als Grundausstattung
nach Punkt 5.2 wären hier insgesamt 24 LE erforderlich, sodass
bei mindestens 6 LE je Feuerlöscher 4 Feuerlöscher erforderlich
wären. Das Ziel ist, dass in jeder Gruppe, im Büro und in der

Aufwärmküche Feuerlöscher mit geringerem Gewicht zur Verfügung stehen. *Dieses Ziel ist nicht nachvollziehbar. Sollte es in einem Gruppenraum brennen, dann geht man mit den Kindern ins Freie oder man holt aus dem Flur den Löscher und löscht. Ein Löscher je Gruppenraum ist nicht sinnvoll.* Für die Kindertagesstätte werden insgesamt 6 Wasserlöscher mit 3 Litern Wasser *(das sind zu viele Löscher, und diese haben deutlich zu wenig Kapazität, also zu wenig LE)* und einem Löschvermögen von 13 A je Gerät, was nach Tab. 8.1 für diesen Feuerlöschertyp 4 LE für die Brandklasse A entspricht, vorgesehen und in den 4 Gruppen, im Büro und in der Aufwärmküche positioniert. Durch die Auswahl und Positionierung der genannten Feuerlöscher sind die Kriterien Gewichtsersparnis und Reduzierung der Entfernung zum nächstgelegenen Feuerlöscher erfüllt.

Beispiel 2.3
Küche mit 3 Fritteusen von jeweils 25 l
  Inhalt Brandklassen: A, B und F
  Grundfläche: 700 m²
  Ergebnis der Gefährdungsbeurteilung: erhöhte Brandgefährdung
  → Grundausstattung mit Feuerlöschern gemäß Tab. 8.2:Tab. 8.2 ergibt bis 700 m², also 27 LE. Gewählt werden Pulverlöscher mit Löschvermögen 43 A 233B, was nach Tab. 8.1 für diesen Feuerlöschertyp 12 LE entspricht. *Wer nach dem Jahr 2000 in Küchen noch Löscher mit ABC-Pulver hängt, hat wenig Sachverstand; es müssen F-Löscher oder ABF-Löscher angebracht werden. Das Pulver würde die Großküche komplett (100 %) zerstören, der Betriebsunterbrechungsschaden wäre immens, der Sachschaden ohnehin – und Probleme mit der Versicherung wegen grob fahrlässigen Verhaltens sind vorauszusehen. Solche falschen Beispiele darf es nicht in Technischen Regeln geben, das ist fatal!* Es sind demnach 27 LE, geteilt durch 12, also 3 Feuerlöscher dieses Typs für die Grundausstattung erforderlich.

→ Zusätzliche Maßnahmen: Zusätzlich werden für die Bereiche mit Brandklasse F Fettbrandlöscher mit Löschvermögen 75 F bereitgestellt. *Auch das ist nicht sinnvoll, denn die Fritteusen sind einzeln und nicht subsummiert zu sehen, also 25 F würde völlig ausreichend sein; würde es zu einem Brand kommen, bei dem alle drei Fritteusen brennen, ist das kein Entstehungsbrand mehr, die Dunstabzüge würden wohl auch brennen, und ein umgehendes Verlassen wäre die einzig sichere Aktion, um nicht zu sterben.*

Beispiel 2.4
Polsterei
Brandklassen A und B
Grundfläche: 390 m^2
Ergebnis der Gefährdungsbeurteilung: erhöhte Brandgefährdung
→ Grundausstattung mit Feuerlöschern gemäß Tab. 8.2: Tab. 8.2 ergibt bis 400 m^2 18 LE. Gewählt werden Schaumlöscher mit Löschvermögen 21 A 113B, was nach Tab. 8.1 für diesen Feuerlöschertyp 6 LE entspricht. Es sind demnach 18 LE, geteilt durch 6, also 3 Feuerlöscher dieses Typs für die Grundausstattung erforderlich.
→ Zusätzliche Maßnahmen: Zusätzlich werden eine automatische Brandmeldeanlage aufgrund des unübersichtlichen Arbeitsbereiches und eine Löschanlage installiert. *Auch hier haben sich die theoretischen Textverfasser leider nicht beraten lassen: Erstens ist eine Fläche von 390 m^2 in einer Polsterei wohl nicht unübersichtlich; jeder, der sich dort aufhält, arbeitet da ja und weiß, wo es rausgeht. Zweitens ist eine Löschanlage für so ein kleines Unternehmen jenseits von Gut und Böse – keine Polsterei kann sich das leisten. Man könnte hier auch gut zwei Handfeuerlöscher mit ausreichender Kapazität und dem Löschmittel Schaum anbringen, das sollte reichen – ggf. noch einen Löscher mit Kohlendioxid für die Gerätschaften.*

Beispiel 2.5

Speditionslager

  Brandklasse: A *Das ist eine schlimme Fehleinschätzung, denn gerade ein Spediteur hat ja unterschiedlichste Stoffe eingelagert, also auch Sprühdosen (d. h. Brandklassen B und C). Hier wären somit ABC-Pulverlöscher vertretbar; oder man installiert AB-Schaumlöscher, denn als Erstes brennt ja die Verpackung, und sollte eine verpackte Dose brennen, ist das kein Entstehungsbrand mehr – also nicht Sache der Angestellten, sondern der Feuerwehr.*

  Grundfläche: 600m^2 *Ein Spediteur hat mehr als 600 m^2 Grundfläche, eher 6000 m^2.*

  Ergebnis der Gefährdungsbeurteilung: erhöhte Brandgefährdung *Eine erhöhte Brandgefährdung kann man ab bestimmten Lagerhöhen oder aufgrund besonderer Brandlasten annehmen, hier aber ist davon nichts angegeben.*

  → Grundausstattung mit Feuerlöschern gemäß Tab. 8.2: Tab. 8.2 ergibt bis 600 m^2, 24 LE. Gewählt werden Wasserlöscher mit Löschvermögen 21 A, was nach Tab. 8.1 für diesen Feuerlöschertyp 6 LE entspricht. Es sind demnach 24 LE, geteilt durch 6, also 4 Feuerlöscher dieses Typs für die Grundausstattung erforderlich.

  → Zusätzliche Maßnahmen: Zusätzlich werden 6 weitere Wasserlöscher mit Löschvermögen 13 A bereitgestellt und im Speditionslagerverteilt, um die Wege zum nächstgelegenen Feuerlöscher für einen noch schnelleren Zugriff zu verkürzen.

Anhang 3

Beispiele für die Abweichung von der Grundausstattung

  Die Anwendung der in der ASR A2.2 angegebenen Maßnahmen zur Ermittlung der Grundausstattung von Arbeitsstätten gemäß Punkt 5.2 stellen die zweckmäßigen Lösungen für die Sicherung des Brandschutzes in einer Arbeitsstätte dar. Abweichend von dieser Ermittlung der Grundausstattung kann der Arbeitgeber eine andere Lösung wählen, wenn er damit mindestens die gleiche Sicherheit und den gleichen Gesundheitsschutz für die Beschäftigten erreicht. Dieses gilt für die normale wie auch für die erhöhte Brandgefährdung. Die in diesem Anhang aufgeführten Beispiele für solche Abweichungen zeigen die Vorgehensweise auf, ersetzen jedoch weder die Gefährdungsbeurteilung noch stellen sie eine „Musterlösung" dar, die ohne Prüfung der konkreten Bedingungen übernommen werden kann. Da Abweichungen unter der Voraussetzung möglich sind, dass die Gleichwertigkeit mit den Lösungen nach ASR A2.2 gewährleistet wird, müssen die Abweichungen von der ASR A2.2 ermittelt und bewertet werden. Den Nachweis über die Gleichwertigkeit hat der Arbeitgeber im Einzelfall auf Basis der Gefährdungsbeurteilung zu erbringen.

Beispiele für normale Brandgefährdung

Beispiel 3.1
Verwaltung
Brandklasse: A *Auch hier könnte man jetzt B ansetzen, denn es befinden sich dort ja auch Geräte und andere Dinge aus thermoplastischen Kunststoffen.*
Grundfläche: 600 m², eingeschossig
Ergebnis der Gefährdungsbeurteilung: normale Brandgefährdung
Hinweis: ein Wandhydrant ist vorhanden
Nach Punkt 5.2 wären hier insgesamt 24 LE erforderlich, sodass bei mindestens 6 LE je Feuerlöscher 4 Feuerlöscher als Grundausstattung erforderlich wären. Das Ziel ist, den vorhandenen Wandhydranten weiter zu betreiben und als Teil der Grundausstattung zu berücksichtigen. Aus der Gefährdungsbeurteilung ergibt sich auch, dass

- Wasser als Löschmittel geeignet ist,
- das Geschoss ausreichend groß (>400 m² Geschossfläche) ist, sodass der Einsatz eines Wandhydranten sinnvoll ist. *Auch hier muss gesagt werden, dass diese 400-m²-Vorgabe unsinnig ist, denn auch bei einer kleineren Fläche ist ein Wandhydrant natürlich völlig funktionsfähig und somit sinnvoll!*

- es sich um einen Wandhydranten mit formbeständigem Schlauch handelt, der auch von einer Person eingesetzt werden kann,
- eine ausreichende Anzahl von Beschäftigten in der Handhabung dieses Wandhydranten unterwiesen ist,
- eine Verrauchung von Fluchtwegen (z. B. Treppenräumen) vermieden wird, weil der Wandhydrant sich auf dem Flur befindet und dessen Schlauch nicht durch Brand- oder Rauchschutztüren zum Brandherd geführt werden muss und
- mindestens 2/3 der erforderlichen Löschmitteleinheiten durch Feuerlöscher abgedeckt sind, da Wandhydranten nicht die alleinige Feuerlöscheinrichtung sein sollen.

Einem Wandhydranten könnten aufgrund seines Löschvermögens bis zu 27 LE zugeordnet werden. Auf Basis der Gefährdungsbeurteilung wird der vorhandene Wandhydrant mit 8 LE angerechnet. Die verbleibenden 16 LE werden durch 3 *(Pulverlöscher in eine Verwaltung hängen – einer der üblen Fehler, für die ein Brandschutzbeauftragter bei entsprechendem Schaden ggf. sogar privatrechtlich haftbar gemacht werden könnte! Also, Sie sehen: Immer den gesunden Menschenverstand eingeschaltet lassen und sich nicht zu sehr auf die Aussage anderer verlassen!)* Pulverlöscher mit Löschvermögen 21 A 113B, was nach Tab. 8.1 für diesen Feuerlöschertyp 6 LE entspricht, abgedeckt.

Beispiel für erhöhte Brandgefährdung

Beispiel 3.2
Küchenbetrieb mit 3 Kleinfritteusen mit einer Füllmenge von je 10 Litern Speiseöl pro Gerät
    Brandklassen: A und F
    Grundfläche: 180 m^2
    Ergebnis der Gefährdungsbeurteilung: erhöhte Brandgefährdung
    Nach Punkt 5.2 wären hier insgesamt 12 LE erforderlich, sodass bei mindestens 6 LE je Feuerlöscher 2 Feuerlöscher als Grundausstattung erforderlich wären. Dazu wären wegen der

Brandklasse F zusätzliche Fettbrandlöscher notwendig. *Das stimmt nicht, denn ABF-Löscher reichen aus, es sind keine zusätzlichen Löscher nötig!* Um Verwechslungen und eine Doppelausstattung zu vermeiden, soll die Ausstattung mit Feuerlöschern erfolgen, die für die Brandklassen A und F geeignet sind. Die verfügbaren Feuerlöscher haben allerdings nur ein Löschvermögen von 13 A und 40 F je Gerät, was nach Tab. 8.1 für diese Bauart 4 LE für die Brandklasse A entspricht. Die Gefährdungsbeurteilung ergibt, dass

- das gesamte Küchenpersonal zu Brandschutzhelfern ausgebildet ist,
- die Wahrscheinlichkeit, dass 2 Feuerlöscher gleichzeitig zum Einsatz kommen können, sehr hoch ist, *das ist nicht so, denn ein ABF-Löscher würde wohl ausreichend sein*
- die vorhandene Anzahl der Feuerlöscher sehr schnell erreichbar ist *auch das ist eine völlig überzogene Einstufung, bar jeglicher Realität* und
- auch bei einer Rückzündung des Speiseöls in der Fritteuse weitere Feuerlöscher(Löschmittelreserve) schnell zum Einsatz kommen können. *Beim Einsatz eines ABF-Löschers kommt es nicht zu einer Rückzündung, das garantieren diese Löscher bzw. diese Löschmittel.*

Auf Basis dieser Gefährdungsbeurteilung werden für die Küche insgesamt 3 auch für die Brandklasse A geeignete Fettbrandlöscher mit einem Löschvermögen von 13 A und 40 F je Gerät, was nach Tab. 8.1 für diese Bauart 4 LE für die Brandklasse A entspricht, in der Nähe der Fritteusen positioniert.

Man sieht, dass die ASR A2.2 recht umfangreich und im Textteil bis auf ein paar Fehler und fehlende Informationen sowie einen Wortfehler alles gut gewählt ist. Allerdings ist der Anhang – mit Verlaub – eine mittlere Katastrophe, das kann, nein, das muss man besser hinbekommen.

Anhang: Prüfungsfragen

Bitte beantworten Sie ohne jeglichen zeitlichen Druck die 21 nachfolgenden Prüfungsfragen, und zwar ohne Zuhilfenahme von Unterlagen. Anschließend nehmen Sie die Unterlagen zur Hand und suchen zu jeder der Fragen selbst die korrekte Lösung und verbessern die Arbeit bitte. Sie bekommen so schnell heraus, wo Ihre Stärken und Schwächen liegen.

1. Wann kann es zu einem Brand kommen?
2. Wodurch tötet ein Feuer primär?
3. Welche fünf Löschmittel gibt es üblicherweise in Handfeuerlöschern?
4. Nennen Sie fünf Brandursachen.
5. Nennen Sie drei Arten von feuergefährlichen Arbeiten.
6. Was macht man vor, während und nach feuergefährlichen Arbeiten, um die Brandgefahr zu minimieren?
7. Was ist die Hauptbrandgefahr in einem Lager?
8. Was ist die Hauptbrandgefahr in einem Büro?
9. Aus wie vielen Teilen besteht eine Brandschutzordnung?
10. Für wen ist Teil B der Brandschutzordnung?
11. Nennen Sie fünf Arten der Alarmierung im Brandfall.
12. Nennen Sie je eine technische, bauliche, organisatorische und abwehrende Brandschutzmaßnahme.
13. Wie viele Fluchtwege benötigt man für Aufenthaltsbereiche?
14. Welche sechs Sicherheitskennzeichnungen gibt es?

© Der/die Herausgeber bzw. der/die Autor(en), exklusiv lizenziert durch Springer-Verlag GmbH, DE, ein Teil von Springer Nature 2021
W. J. Friedl, *Fachwissen für Brandschutzhelfer,*
https://doi.org/10.1007/978-3-662-63137-9

15. Wie viele Brandklassen gibt es, und wie werden sie abgekürzt?
16. Nennen Sie fünf Brandlöscheinrichtungen.
17. Wodurch löschen Wasser, Kohlendioxid, Schaum?
18. Nennen Sie drei wichtige Dinge beim Löschen von Entstehungsbränden.
19. Welche drei Gefahren gibt es durch Brände?
20. Was ist das wichtigste Ziel im Brandschutz?
21. Was ist besonders wichtig bei brennenden Personen? Nennen Sie mindestens zwei Punkte.

Schlusswort

Sie haben jetzt viel über Brandschutz gelernt und sind in einigen Bereichen durchaus dem Brandschutzbeauftragten ebenbürtig; der „restlichen" Belegschaft sind Sie im Brandschutz überlegen – mal die Werk- und Betriebsfeuerwehrleute ausgenommen.

Geben Sie das Gelernte weiter, und zwar auf eine Art, dass es ankommt und angenommen wird, also nicht altklug und oberlehrerhaft, sondern auf eine sympathische, nüchterne, interessante Art und Weise. So kommt Wissensvermittlung an!

Brandschutz macht Spaß, versprochen! Gleiches gilt insbesondere auch für den Arbeitsschutz – denn es geht ja um unser Leben – frei nach Udo Lindenberg in einem seiner aktuelleren Lieder: Wir haben nur das eine Leben und wenn es weg ist, ist's so schwer, ein neues zu bekommen. Nehmen Sie den guten Eierlikör trinkenden Sonnenbrillen- und Hutträger ernst – dieses eine Mal jedenfalls.

Herzliche und liebe Grüße und viel Spaß und Erfolg bei Ihrer Arbeit!

Ihr Dr.-Ing. Wolfgang J. Friedl (Ingenieur für Brandschutz aus Leidenschaft).

© Der/die Herausgeber bzw. der/die Autor(en), exklusiv lizenziert   153
durch Springer-Verlag GmbH, DE, ein Teil von Springer Nature 2021
W. J. Friedl, *Fachwissen für Brandschutzhelfer,*
https://doi.org/10.1007/978-3-662-63137-9

Stichwortverzeichnis

© Der/die Herausgeber bzw. der/die Autor(en), exklusiv lizenziert
durch Springer-Verlag GmbH, DE, ein Teil von Springer Nature 2021
W. J. Friedl, *Fachwissen für Brandschutzhelfer,*
https://doi.org/10.1007/978-3-662-63137-9

Printed in the United States
by Baker & Taylor Publisher Services